CIÉTÉ GÉNÉRALE ALGÉRIENNE

JARDIN DU HAMMA

(PRÈS D'ALGER)

VÉGÉTAUX ET GRAINES

CATALOGUE GÉNÉRAL

N° 3.

1874-1875

PARIS
IMPRIMERIE HORTICOLE DE E. DONN
9, RUE CASSETTE, 9

SOCIÉTÉ GÉNÉRALE ALGÉRIENNE

JARDIN DU HAMMA

(PRÈS D'ALGER)

VÉGÉTAUX ET GRAINES

CATALOGUE GÉNÉRAL

N° 3.

1874-1875

PARIS
IMPRIMERIE HORTICOLE DE E. DONNAUD
9, RUE CASSETTE, 9

CATALOGUE N° 3.

De même que dans notre précédent Catalogue, nous avons dressé ici des listes spéciales, indiquant les usages auxquels certains végétaux peuvent être plus particulièrement appliqués ; elles aideront nos clients à règler leur choix d'après le but qu'ils se proposent, et nous ne doutons pas qu'elles ne continuent à être tout spécialement appréciées par les personnes qui, soit en Algérie, soit dans les régions analogues, sont appelées à établir des plantations, aussi bien pour leur agrément que pour leur utilité.

Afin que cette répartition des végétaux en plusieurs séries ne devienne pas un obstacle à la facilité des recherches, nous avons, dans une première *Liste générale,* inscrit, *par ordre alphabétique*, tous les végétaux *sans exception* indiqués dans ce Catalogue ; dès lors, au moyen d'un simple renvoi, nous y signalons la page même où l'on trouvera ceux qui font partie de ces listes spéciales, pour lesquelles l'ordre alphabétique est également suivi. On peut se rendre compte de l'utilité de ces listes et de la division de notre Catalogue, par l'inspection de la table des matières placée ici en regard.

Le format de notre précédent Catalogue, le choix de ses caractères, voire même son ensemble élégant, nous plaisaient beaucoup ; néanmoins, nos clients nous en réclamant un d'un format plus restreint, plus commode, qui permît de le porter sur soi et de le consulter facilement au milieu des carrés de nos cultures, nous avons dû céder à leur désir et admettre le présent format, adopté, du reste, en ces derniers temps, par la plupart des grands Établissements horticoles.

TABLE DES MATIÈRES.

LE JARDIN DU HAMMA
D'ALGER

Le Jardin du Hamma d'Alger, d'abord *Jardin d'essai* du Gouvernement français, et créé par lui en 1832, est devenu, en 1868, une dépendance de la Société générale algérienne. D'une contenance d'environ 75 hectares, situé sur le bord de la mer, traversé par les cours d'eau provenant de deux sources qui lui fournissent des arrosements en abondance, il se trouve ainsi placé dans les meilleures conditions pour que les végétaux y prospèrent d'une manière exceptionnelle; ils y acquièrent en peu de temps des dimensions étonnantes. La plus grande partie des plantes tropicales ou subtropicales, auxquelles il faut presque partout en Europe l'abri des serres chaudes ou tempérées, vivent en pleine terre sur le littoral algérien, et elles y déploient un luxe inouï de végétation, une floraison splendide, une production abondante de fruits et de graines.

Il est facile de comprendre dès lors dans quelles conditions exceptionnelles notre Jardin du Hamma peut produire des végétaux de toutes sortes, végétaux utiles ou d'ornement, essences européennes ou exotiques destinées à être répandues avec profusion dans la Colonie. Les Palmiers, auxquels la vogue est si justement acquise comme végétaux décoratifs, y réussissent d'une façon toute particulière, et prennent en quelques mois des dimensions qui jettent dans l'étonnement l'horticulteur visitant le Jardin pour la première fois.

Ainsi favorisé par le climat et par la facilité d'abondants arrosages indispensables aux cultures algériennes, l'Établissement du Hamma s'est créé une double clientèle : celle des propriétaires et des amateurs; celle des horticulteurs et des marchands; aux premiers, il offre ses végétaux de tout genre, de tout âge et de toutes forces ; aux seconds, il procure, déjà formées quoique jeunes, toutes les plantes que peut réclamer leur clientèle, toutes les graines que peuvent désirer les semeurs. En outre, il se met en mesure, en ce moment, de pouvoir bientôt fournir aux pépiniéristes du continent, et en quantités considérables, les plants d'arbres fruitiers, d'arbustes, de Rosiers, etc., dont le climat favorise si bien la croissance rapide.

Afin que les végétaux que nous produisons puissent s'offrir à notre clientèle dans les conditions les plus favorables, nous avons, par suite d'arrangements particuliers avec le grand *Établissement horticole de Bourg-la-Reine* (*Seine*), établi un dépôt important dans les vastes serres qu'il vient d'ajouter aux anciennes. Là, nous faisons des expéditions directes, en sorte que l'on y peut trouver toutes les plantes de nos cultures, végétaux d'ornement, Palmiers et autres, de toutes dimensions et de toutes formes, à la portée de toutes les bourses et tout à fait en rapport avec les besoins journaliers des horticulteurs ou des propriétaires.

Il est bien entendu que l'établissement de ce dépôt à Bourg-la-Reine n'apporte aucune entrave à nos relations ordinaires, et que nous continuons à livrer directement, et sans aucune réserve, tous les produits du Hamma que nos clients désireraient recevoir sans passer par l'intermédiaire de ce dépôt.

Il est une autre branche commerciale sur laquelle nous appelons l'attention, particulièrement celle des marchands grainiers, c'est notre culture des plantes au point de vue de la récolte des graines. Sous notre climat du centre et du nord de la France et dans une partie de l'Europe, nombre de végétaux n'arrivent pas, on le sait, jusqu'à leur période de fructification ; chez d'autres, celle-ci n'a lieu qu'en des conditions défectueuses, et alors les graines sont rares ou mauvaises : telles les Pervenches, les Sensitives, les Choux-fleurs, diverses variétés de Haricots, etc.. Notre Jardin du Hamma, sous le ciel chaud mais non encore torride de l'Algérie, est merveilleusement placé pour cette culture spéciale ; aussi pouvons-nous offrir à notre clientèle, marchande ou bourgeoise, un remarquable choix de graines de toutes sortes, en fait de plantes annuelles, bisannuelles, vivaces ou ligneuses, ornementales, comestibles, médicinales ou économiques. Ecartant toutes celles dont la qualité nous paraît douteuse, aidés d'un personnel exclusivement occupé à l'élevage, à la récolte et à la conservation de ces graines, nous croyons pouvoir certifier, non pas que la réussite sera absolue — ce qu'aucun Établissement commercial ne peut se risquer à promettre — mais que les insuccès seront rares. Une liste spéciale et détaillée des graines en ce moment disponibles figure dans le présent Catalogue.

AVIS

VENTES JOURNALIÈRES DANS L'ÉTABLISSEMENT.

Les livraisons ont lieu tous les jours :

1° De l'automne au printemps, pour les végétaux élevés en pleine terre.

2° Durant toute l'année, pour les végétaux élevés en pot.

Les ventes faites au Jardin ont lieu expressément au comptant.

Les arbres verts, ou à feuilles persistantes, à racines nues et d'une reprise difficile, tels que Cyprès, Pins, Orangers, Citronniers, Lauriers, Ficus, Bambous, Caroubiers, etc., sont livrés en mottes empaquetées de paille et cordées, à moins d'avis contraire des acheteurs. Ces emballages se payent à part.

EXPÉDITIONS.

Les demandes peuvent être adressées, soit à M. Auguste Rivière, *Directeur du Jardin du Hamma, boulevard Saint-Michel, 64, à Paris,* soit à M. Charles Rivière, *Sous-Directeur, au Jardin du Hamma, près d'Alger.*

Nos clients sont priés :

D'indiquer bien exactement la direction à suivre pour que nos expéditions leur arrivent dans les meilleures conditions de sûreté et de promptitude.

De signer bien lisiblement leur nom et d'indiquer leur adresse d'une manière très-précise, afin d'éviter toute erreur.

De déclarer si les transports par chemins de fer doivent avoir lieu en *grande* ou en *petite vitesse.*

De désigner, s'il s'agit d'arbres fruitiers, la forme qu'ils préfèrent et la nature des sujets sur lesquels ils doivent être greffés.

Pour les *expéditions en Algérie*, les colis sont remis aux administrations des paquebots qui font le service des côtes, aux diligences ou au roulage, selon les indications des acquéreurs.

Pour les *expéditions hors de l'Algérie*, les colis voyagent le plus ordinairement par la voie de Marseille, d'où ils sont expédiés ensuite vers les destinataires, par les soins d'un commissionnaire de ladite ville, *aux frais et risques des acquéreurs*. Une lettre d'avis, indiquant le jour du départ, est adressée à ceux-ci, en même temps que la facture.

Autant que possible, si une expédition doit être faite pour une localité peu connue, il est prudent de désigner comme lieu de destination des colis l'un des endroits les plus rapprochés de la résidence du commettant, et desservi soit par le chemin de fer, soit par les messageries; autrement on s'exposerait à des retards extrêment fâcheux pour les marchandises. Il est urgent de ne pas oublier que la durée de la traversée d'Alger à Marseille, qui est de 36 à 48 heures, peut être prolongée encore par suite des mauvais temps.

Quelles que soient leur nature, leur valeur et leur importance, les marchandises voyagent, d'après la loi, *aux risques et périls de l'acheteur*; d'autre part, nous rappelons à nos clients que, les bâtiments ne répondant pas des avaries, il peut être prudent de faire assurer leurs colis; d'après leur demande, nous nous chargerions de cette démarche.

Les frais de transport et ceux qu'a nécessités l'emballage sont à la charge des acquéreurs et leur sont facturés au prix de revient. Les emballages sont exécutés dans les conditions les plus favorables; l'Établissement y attache une grande importance et une surveillance active est exercée à cet égard.

PAYEMENTS.

Les payements peuvent être faits indistinctement à Paris ou au Jardin du Hamma; néanmoins, nos clients de France et de l'étranger sont priés de faire solder leurs factures de préférence à Paris, à M. Auguste Rivière, *boulevard Saint-Michel*, 64, soit en espèces, soit en mandat sur la Poste ou sur une maison de Paris, et nos clients d'Algérie, *au Jardin du Hamma d'Alger*, à M. Charles Rivière, Sous-directeur.

Les sommes au-dessous de 20 francs peuvent être soldées en timbres-poste de 25 ou de 15 centimes.

Les personnes qui ne sont pas en relations suivies avec l'Établissement ou qui ne lui sont pas encore connues, sont priées de joindre à leur commande un mandat d'égale somme sur la Poste, ou à vue sur une maison de commerce d'Alger ou de Paris.

Les lettres doivent être affranchies, et les demandes de renseignements accompagnées d'un timbre-poste.

SOINS A DONNER AUX VÉGÉTAUX TRANSPLANTÉS

Lorsque des plantes, cultivées en pot ou levées en motte, ont fait un long voyage, il est essentiel, *aussitôt après leur arrivée*, de leur donner les soins que nécessite l'état de sécheresse presque inévitable de leurs racines, car, malgré les précautions qu'on a prises de mouiller les mottes au moment de l'emballage, les racines n'ont pas tardé à absorber complétement l'humidité ; la terre s'est desséchée, durcie, et elle ne remplit plus ses fonctions nutritives. Il est donc urgent d'y remédier au plus vite, et d'agir d'après la destination réservée aux plantes, selon qu'elles doivent être cultivées en pot ou en pleine terre.

S'il s'agit de rempoter des plantes qui viennent de passer dix ou quinze jours renfermées dans une caisse, on dépose les mottes, les unes après les autres, dans un petit bassin, un baquet, voire même un seau, remplis d'eau, jusqu'à ce que le liquide ait *entièrement* pénétré dans la terre, au centre même des racines. Lorsqu'on est certain que chaque motte est parfaitement imbibée, on la retire ; on la laisse bien égoutter, on la débarrasse de son enveloppe, et l'on procède au rempotage ou au rencaissage. Les racines ne seront recouvertes que d'environ un centimètre de terre au-dessus de leur premier verticille supérieur, c'est-à-dire que la terre arrivera un peu au-dessous du collet. Le rempotage étant terminé, on arrose abondamment.

On comprendra la raison pour laquelle la motte doit être ainsi submergée avant que l'on procède au rempotage. Si l'on n'agissait pas ainsi, la terre desséchée et durcie qui enveloppe les racines des plantes expédiées, se trouverait entourée de toutes parts de la terre neuve, fraîche et meuble, introduite dans la caisse ou dans le pot ; celle-ci ne tarderait pas à absorber l'eau d'arrosage, tandis que l'autre, dont les pores sont tout à fait resserrés, en recevrait à peine quelques gouttes; au bout d'une semaine, quelquefois même plus tôt, la plante périrait fatalement, malgré les arrosages qu'on lui auraient prodigués chaque jour, mais dont les racines n'auraient pas profité. Il est facile de vérifier ce fait par la simple inspection de la motte.

S'il s'agit de plantes levées en motte et qui doivent être replacées en pleine terre, les mêmes précautions sont à prendre avant la plantation; mais comme, dans ce cas, la partie des racines qui dépassait la motte a été retranchée, celles qui restent ne trouvent plus momentanément de nourriture que dans cette motte même ; elles ne végètent donc qu'aux dépens de l'humidité qu'elle contient; celle-ci s'épuise bientôt, et l'on voit alors la plante languir, dépérir insensiblement, et enfin la mort arriver, faute d'alimentation, car l'ancienne motte desséchée refuse l'eau bienfaisante dont elle est entourée. Pour obvier à cela, il est essentiel, pour forcer l'humidité à pénétrer au centre des racines, de former autour de la tige, après la plantation, une sorte de cuvette destinée à recevoir l'eau d'arrosage, qui pourra ainsi descendre bien perpendiculairement et passer à travers toutes les racines.

Les mêmes précautions sont à prendre pour les plantes cultivées en pot et qu'on livre à la pleine terre.

Souvent, afin que les mottes ne se brisent pas pendant le transport, elles ont été empaquetées dans de la paille ; il est bon de laisser cette enveloppe jusqu'à ce que la plante ait été posée définitivement dans le trou qui lui est destiné; on en délie alors les attaches, qui sont fixées autour du collet ; on écarte la paille, on la couche, et l'on jette la terre par-dessus. De cette façon, la motte demeure intacte et la terre reste adhérente aux racines; la paille deviendra du fumier.

Une fois la plantation établie dans ces conditions favorables, on donnera un copieux arrosage, que l'on renouvellera au moins une fois par semaine, jusqu'à ce que de nouvelles racines aient pu pénétrer dans le sol environnant pour y trouver une nourriture abondante.

Quant aux plantes cultivées en pot, mais destinées à être livrées à la pleine terre, il faut, après leur avoir fait subir les opérations préliminaires du *trempage* et de l'*égouttage*, retrancher le chevelu des racines qui s'est formé entre la motte proprement dite et la paroi intérieure des pots. On les met ensuite en terre, en ménageant également une cuvette autour du tronc, et l'on renouvelle les arrosements chaque semaine, jusqu'à la reprise convenable des plantes.

Les prescriptions précédentes sont applicables à toutes les plantes à feuilles persistantes. En ce qui regarde les végétaux à feuilles caduques, il faut éviter autant que possible de laisser les racines longtemps exposées à l'air. Aussitôt après leur réception, si quelque cause empêche de les planter immédiatement, ils doivent être mis en jauge. S'ils ont fait un long voyage et qu'à leur arrivée les tiges et les rameaux paraissent un peu ridés, on ouvre une tranchée profonde de $0^m,40$ à $0^m,50$, on y couche les plantes, et on les laisse recouvertes de terre pendant quelques jours. L'humidité du sol suffira pour les rétablir dans leur état normal.

Le moment le plus favorable pour la plantation est un temps couvert et pluvieux; mais il est des localités, en Algérie par exemple, où il n'est pas souvent permis d'espérer des alternatives aussi variables de température; dans ce cas, il faut, du moins, choisir les moments de la journée où les ardeurs du soleil ne sont plus à craindre, et entretenir l'humidité du sol par de fréquents arrosages, ou par des irrigations dans les grandes plantations, lorsqu'il est possible de mettre ce moyen en pratique.

LISTE GÉNÉRALE

DES VÉGÉTAUX DISPONIBLES.

Afin de faciliter les recherches, nous avons inscrit dans cette Liste générale, et à leur ordre alphabétique, tous les végétaux en ce moment disponibles, en renvoyant, pour quelques-uns, à la série particulière de plantes dont ils font partie, et où l'on trouvera souvent de plus amples détails.

Presque tous nos végétaux, sauf les arbres et arbustes de pépinière, sont cultivés en pot.

	fr. c.
Abelia triflora.	de 1 à 2 »
Abricotier. *Voir* Arbres fruitiers, *page* 121.	
Abroma augusta	» 75
Absinthe. *Voir* Plantes officinales (Artemisia), *page* 140.	
Abutilon.	» 50

— Bedfordianum.
— Duc de Malakoff.
— graveolens.
— Halleri.
— hybridum.
— striatum.
— Van Houttei.
— venosum.

Acacia (Mimosa.) *Acacie.*

(Espèces australiennes.)

	fr. c.
— argyrophylla	» 75
— armata . . . 0 75 et	1 »
— coriacea. . . 0 75 et	1 »
— cultriformis	» 75
— cuneata. . . 0 75 et	1 »
— cyanophylla. 0 50 et	» 75
— juniperina	» 75
— leiophylla. . 0 50 et	» 75
— longifolia.	» 75
— longissima.	» 75
— lophanta.	» 50
— — distachya . .	» 50
— — Neumanni . .	» 50
— melanoxylon. 0 50 et	» 75
— pycnantha. . 0 50 et	» 75
— retinoïdes	» 50
— sophoræ.	» 75
— trinervata	» 75
— verticillata.	» 75

(Espèces indiennes, américaines, etc.)

	fr. c.
Acacia alba	» 75
— algarobia	1 »
— anapinda. . 0 75 et	1 »
— Arabica	» 75
— *Capensis A. *du Cap.*	» 75
— *Cavenia, A. *de Buenos-Ayres*, à essence odoriférante	» 75
— *eburnea, A. *à épines d'ivoire*	» 75
— *Farnesiana, *Cacis.*	» 75
Recherché par la parfumerie à cause de l'odeur qu'exhalent ses jolies fleurs jaunes.	
— *horrida.	» 40

**Ces cinq dernières espèces d'Acacia peuvent être employées à former des haies, dans les parties de l'Algérie où il ne gèle pas.*

	fr. c.
Jeunes plants . . Le cent,	3 »
Acacia Juliflora (Prosopis).	» 75
— leucocephala.	» 50
— Nandubay	1 »
— platyacantha.	» 75
— Portoricensis. 0,75 et	1 »
Arbuste élégant, à nombreuses fleurs blanches.	
— prosopioïdes	1 »
— strombulifera, de 0,50 à	1 »

	fr. c.
Acanthus. *Voir* Plantes herbacées vivaces, *page* 103.	
Acer campestre, *Erable champêtre.* . . . 1 et	1 25
— platanoïdes, *E. plane, E. de Norvége* . . . 1 et	1 25
— pseudo-platanus, *E. sycomore, faux-Platane* . . . 1 et	1 25
Achillea. *Voir* Plantes herbacées vivaces, *page* 103, *et* Plantes officinales, *page* 140.	
Achras Sapota, *Sapotillier*. *Voir* Arbres fruitiers, *page* 129.	
Achyranthes acuminata.	» 50
— Lindeni.	» 50
— Verschaffelti.	» 40
Le cent,	25 »
Acmena (Metrosideros) floribunda. . . de 0,75 à	1 50
Acrocomia sclerocarpa. . . de 7 à	10 »
Palmier.	
Acronychia Cunninghami	2 »
Adansonia digitata, *Baobab.*	8 »
— sphærocarpa.	10 »
Adenanthera pavonina. . . de 1 à	2 »
Adenoropium (Jatropha) panduræfolium.	1 »
Adhatoda furcata.	» 50
— lucida.	» 50
Æchmea. *Voir* Broméliacées, *page* 77.	
Agapanthus. *Voir* Plantes bulbeuses, *page* 109.	
Agave. *Voir* Plantes grasses, *page* 95, *et* Plants pour haies, *page* 84.	
Ageratum cœlestinum.	» 30
Le cent,	20 »
Agrimonia, *Aigremoine*. *Voir* Plantes officinales, *page* 140.	
Ailante, *Ailantus, Vernis du Japon.* . . . Tige 0 75 et	1 »
Plant de pépinière. . . . *Le cent,* de 2 à	2 50

fr. c.

Akebia quinata . . . . » 75

Plante volubile.

Albuca, *Voir* Plantes bulbeuses, *page* 109.
Allium. *Voir* Plantes vivaces potagères, *page* 136.
Aloe, *Voir* Plantes grasses, *page* 96.
Alocasia. *Voir* Aroïdées, *page* 76.
Alpinia (Globba) nutans. . . . . de 1 à 2 »

Sur le littoral algérien, cette plante prend de fortes dimensions. Ses tiges, garnies d'un beau feuillage, se terminent par des grappes de fleurs blanches et jaunes d'un bel effet. Elle peut être utilisée à la décoration des bassins et des pièces d'eau. Dans les régions froides, elle exige la serre chaude.

Alstroemeria. *Voir* Plantes bulbeuses, *page* 109.
Amandier. *Voir* Arbres fruitiers, *page* 122.
Amaryllis. *Voir* Plantes bulbeuses, *page* 109.
Amirola nitida. 1 »
Amorpha. . . . . de 0 50 à 1 »

— Carolinea.
— elata.
— fruticosa, *Faux-Indigo*.
— Lewisii.
— Virginiana.

Amorphophallus Rivieri. *Voir* Aroïdées, *page* 76, *et* Plantes bulbeuses, *page* 109.
Amphilophium Mutisii. *Voir* Végétaux grimpants, *page* 88.
Amygdalus. *Voir* Arbres fruitiers (Amandier), *page* 122.
Anadenia (Grevillea) Manglesii . . . . de 1,50 à 2 »
Anda Gomesii . . . . de 5 à 10 »
Andropogon, *Vétiver*. *Voir* Vég. à essence odoriférante, *page* 141.
Anémone. *Voir* Plantes bulbeuses, *page* 109.
Anethum. *Voir* Plantes officinales, *page* 140.
Anisostichus (Bignonia) capreolata. . . . . 1 »

Plante grimpante.

Anomatheca. *Voir* Plantes bulbeuses, *page* 109.
Anona, *Anone*. *Voir* Arbres fruitiers, *page* 129, *et* Fruits exotiques, *page* 137.
Anthericum. *Voir* Plantes grasses, *page* 97.
Anthoceris viscosa . . . . de 0,50 à 1 »
Antholiza. *Voir* Plantes bulbeuses, *page* 109.
Anthurium cordatum . . . . 4 »
— Galeottianum. 4 »
— Hugelii (A. Hookeri, A. acaule). . . . . de 5 à 10 »
— longifolium. 4 »
— nitidum (A. lucidum, A. Olfersianum). . . . . » »
— spectabile (A. grande). . . . . 5 »
— trinervum (A. lanceolatum). . . . . 5 »
Aphelandra aurantiaca. 1 50
— cristata (tetragona) . . . . de 1 à 2 »

Belle plante à fleurs écarlates disposées en épis.

fr. c.

Aponogeton distachyum . . . . » 40

Le cent, 35 »

fr. c.

Aralia Browni . . de 2 à 3 »

— Duncani . de 1 50 à 2 »

— farinifera . . de 3 à 4 »

— Hugelii. . de 1 50 à 2 »

— Humboldti. .de 10 à 15 »

— leptophylla . de 3 à 4 »

— papyrifera. de 0 50 à 1 »

L'Aralie à papier est un arbrisseau à très-larges feuilles; sa tige fournit une moelle qui sert, en Chine, à confectionner le *papier de riz*. Plante très-ornementale et très-rustique. A Paris, elle passe l'hiver en pleine terre avec un léger abri. A cultiver par groupes sur les gazons.

Aralia præmorsa 1 50

— Sieboldi. . . . . . . 1 »

Les douze 10 »

Plantes plus fortes, de 2 à 4 »

Espèce à larges feuilles palmées et luisantes; rustique et très-décorative pour les appartements; elle aime l'humidité.

Aralia Thibauti . de 2 à 3 »

— Wallichiana de 2 à 3 »

Araucaria Brasiliensis . . . . de 2 à 4 »

— Bidwilli. de 30 à 60 »

— Cunninghamii . . . . de 25 à 50 »

— excelsa. . . . . de 25 à 50 »

Conifère admirable sous tous les rapports et dont les rameaux s'étalent par étages verticillés depuis la surface du sol, et forment le plus bel effet. Grand arbre très-rustique en Algérie, dans les localités où il ne gèle pas.

Arauja albens, *Physianthus albens*. . . . . » 75

Plante grimpante.

Arbre à suif, *Voir* Végétaux économiques, *page* 139.

Arduinia bi-spinosa . . . . de 1 à 3 »

Areca. *Voir* Palmiers, *page* 72.

Arenga. *Voir* Palmiers, *page* 72.

Argania, *Argan*, *Argane*, *Voir* Sideroxylon, *page* 65.

Argyreia argentea. . . . . 1 »

Plante grimpante.

Aristolochia Clematitis. *Voir* Plantes officinales, *page* 140.

Armeniaca vulgaris, *Voir* Arbres fruitiers (Abricotier), *page* 121.

Armoise. *Voir* Plantes officinales (Artemisia), *page* 140.

Arrabidæa Chica, *Bignonia Chica*. . . . . 1 »

Plante grimpante.

Artemisia. *Voir* Plantes vivaces potagères (Estragon), *page* 137. *et* Pl. officinales, *page* 140.

Artichaut. *Voir* Plantes vivaces potagères, *page* 136.

Arum, *Dracunculus*, *Voir* Plantes bulbeuses, *page* 109, *et* Aroïdées, *page* 76.

Arundinaria falcata, *Bambou effilé du Népaul* . . .de 0 60 à 1 »

Cultivé en pot. Plante forte, de 2 à 3 »

— Japonica, *Bambusa Metake*. . . . . » 75

Cultivé en pot. Plante forte. 2 »

Arundo, *Roseau*. *Voir* Plantes bulbeuses, *page* 109, et Plantes herbacées vivaces, *page* 103.

Asclépiade. *Voir* Végétaux grimpants (Hoya), *page* 91.

Asparagus, *Asperge*, *Voir* Plantes vivaces potagères, *page* 136.

Asperge. *Voir* Plantes vivaces potagères, *page* 136

fr. c.

Aspidistra elatior . . . . Sujets de 8 à 15 feuilles
(0,30 *la feuille*). . . . . de 2 40 à 4 50
Sujets plus forts, de 6 à 8 »

C'est la plante la plus rustique pour la garniture des appartements; elle peut supporter les plus fortes chaleurs et aussi des froids de plusieurs degrés; elle peut vivre 5 ou 6 ans sans s'altérer, à la condition toutefois qu'on ne néglige pas entièrement les arrosements, bien qu'elle supporte une longue sécheresse. Cultivée dans des vases suspendus, elle serait d'un très-bel effet dans les appartements, et l'on doit désirer la voir employée à cet usage.

Astelia Banksii. . . . . de 2 à 3 »
Aster. *Voir* Plantes herbacées vivaces, *page* 103.
Aubépine. *Voir* Cratægus, *page* 28.
Avelinier. *Voir* Arbres fruitiers (Noisetier), *page* 124.
Averrhoa, *Carambolier*. *Voir* Arbres fruitiers, *page* 129.
Avocat. *Voir* Fruits exotiques, *page* 137.
Avocatier. *Voir* Arbres fruitiers (Persea), *page* 133.
Azerolier. *Voir* Arbres fruitiers, *page* 122.
Babiana. *Voir* Plantes bulbeuses, *page* 109.
Baccharis. halimifolia, *Séneçon en arbre* . . . . de 0 30 à » 50
Balisier, *Canna*. *Voir* Plantes bulbeuses, *page* 109.
Bambou. *Voir* Bambusa.
Bambusa arundinacea.

Grand et gros Bambou de l'Inde.

Touffe levée de pleine terre et livrée en motte. 1 »
Cultivé en pot, de 2 à 4 »
— aurea, ... *En motte*, 1 »
Cultivé en pot, de 2 à 4 »
— gracilis. . . . . *En motte*, 1 »
Cultivé en pot, de 2 à 4 »
— Hookeræ . . . . *En motte*, 1 »
Cultivé en pot, de 2 à 4 »

Grande espèce ayant le port du *B. arundinacea*, mais à tige moins grosse.

— Metake, *Arundinaria Japonica*. . . . . *En motte*, » 75
Cultivé en pot, 2 »
— mitis, *Bambou comestible*. . . . . *En motte*, 1 »
Cultivé en pot, 2, 4 et 5 »

Le *Bambusa mitis* produit des tiges qui atteignent de 10 à 12 mètres de long et de 0,15 à 0,20 de circonférence. Sa croissance est rapide et il se multiplie avec une extrême facilité. Cultivé dans la région méditerranéenne, où il commence à se répandre, ce *Bambou* est appelé à rendre de grands services.

— nigra, *Bambou noir*. . . . . *Cultivé en pot*, de 2 à 4 »
Tige pour canne, 0 75 et 1 »
— scriptoria, *Bambou à écrire*. . . . . *En motte*, » 75
Cultivé en pot, 2 »
— Simoni, *Bambou de Simon*.

Cette espèce très-traçante pourrait être employée fort avantageusement à fixer les dunes.

Elle n'est livrée qu'en pot, de 1 à 2 »

		fr.	c.
Bambusa spinosa, *Bambou épineux*.	*En motte,*	»	40
	Pour haies. Le cent,	20	»

Il forme des haies impénétrables dans la partie de l'Algérie où il ne gèle pas.

— verticillata.	*En motte,*	1	»
	Cultivé en pot,	2	»
— viridi-glaucescens.	*En motte,*	1	»
	Cultivé en pot, de 2 à	4	»
— vulgaris (B. Thouarsii) *Bambou commun de Madagascar*.	*En motte,*	1	»
	Cultivé en pot,	2	»
— — vittata, *Bambou rayé de vert*.	*En motte,*	1	»
	Cultivé en pot, de 2 à	3	»

Les Bambous *cultivés en pot ont une ou deux tiges ramifiées, hautes de 1m. 50 à 2m. 50.*

Le genre *Bambou*, originaire des régions chaudes ou tempérées de l'Afrique, de l'Asie, de l'Amérique, comprend un grand nombre d espèces; il appartient à la famille des Graminées.

Les tiges des *Bambous* sont nombreuses; elles comportent des chaumes ligneux, arborescents et ramifiés, variant de longueur et de grosseur selon les espèces ou les variétés. Celles du *Bambusa arundinacea* atteignent souvent des proportions et une résistance suffisantes pour leur permettre d'être employées comme charpentes dans des habitations légères. D'autres ont des tiges plus petites, avec lesquelles on fait des nattes, des cordes, *etc.* Le *Bambusa spinosa* a des rameaux armés d'épines nombreuses et acérées, qui permettent d'en former des haies impénétrables. Dans quelques espèces, on utilise, en guise de légumes, les jeunes pousses qui sortent de terre. D'autre part, les espèces à rhizomes traçants peuvent être avantageusement employés à fixer les sables des dunes, tandis que leurs tiges servent, dans l'industrie, à la confection de cannes, de manches de fouet, de manches de parapluie, de lignes à pêcher, et à d'autres usages encore, car, dans l'extrême Orient en particulier, les habitants savent utiliser les *Bambous* sous les formes les plus diverses.

D'après leur mode de végétation, les *Bambous* peuvent se diviser en deux groupes bien distincts. Les uns croissent en touffes serrées; tels sont les B. *arundinacea*, B. *falcata*, B. *gracilis*, B. *Hookeræ*, B. *scriptoria*, B. *spinosa*, B. *verticillata*, B. *vulgaris* et *vulgaris vittata*. La végétation des espèces ou variétés de ce groupe est estivale: elle a lieu en été.

Les autres *Bambous, au contraire*, tracent souterrainement et émettent en tous sens des jets qui ne tardent pas à envahir de grandes surfaces de terrain: ce sont les B. *aurea*, B. *Metake*, B. *mitis*, B. *nigra*, B. *Simoni*, B. *viridi-glaucescens*. Ces espèces qui composent le second groupe, ont une végétation vernale: elle a lieu au printemps.

Tous les *Bambous* se développent, en Algérie, avec une rapidité extrême. Au Jardin du Hamma d'Alger, le B. *arundinacea* produit des tiges qui atteignent jusqu'à 15 et 20 mètres de hauteur sur une circonférence de 0 m. 45 à leur base. Les B. *Hookeræ* et *vulgaris*, tout en poussant vigoureusement, ont les tiges moins hautes et moins grosses. Une autre espèce anciennement connue, et qui est appelée à jouer un très-grand rôle dans le midi de la France, le B. *mitis*, offre, dans notre Etablissement, des tiges qui s'élèvent jusqu'à 10 et 12 mètres, sur une circonférence de 0 m. 15 à 0 m. 20. Les autres espèces sont moins grandes que celles que nous venons de citer.

La culture des *Bambous* n'est pas difficile; cependant, pour les obtenir dans toute leur beauté, il faut leur choisir un terrain meuble, profond, substantiel, perméable et frais, et s'appliquer à ne placer chacun d'eux que dans les conditions climatériques qui

fr. c.

lui conviennent. Ainsi, les B. *arundinacea*, B. *Hookeræ*, B. *vulgaris*, B. *verticillata* exigent de la chaleur. Ces espèces ne pourront donc être cultivées avec avantage que dans les localités les plus chaudes de l'Algérie ou dans les pays analogues, à la condition qu'il n'y gèle pas. Les B. *aurea*, B. *falcata*, B. *gracilis*, B. *Metake*, B. *mitis*, B. *nigra*, B. *Simoni* et B. *viridi-glaucescens* viennent également dans les régions chaudes, mais, en raison de leur station naturelle à des altitudes plus élevées, ils supportent plusieurs degrés de froid sans que leurs tiges en souffrent; ils peuvent donc être cultivés dans la région tempérée de l'Algérie et du bassin méditerranéen. Dans ces dernières localités, les B. *mitis* et *nigra* sont, pour le moment, les espèces que l'on doit préférer, au point de vue industriel ; ils commençent à être mieux connus et à se répandre dans le midi de la France.

Les *Bambous* de la région tempérée croissent parfaitement dans celle d'Angers et de Nantes, sur les côtes de la Bretagne et de la Normandie. Sous le climat de Paris, ils sont employés à former des touffes isolées sur les pelouses ; dans ces conditions, ce n'est qu'au point de vue ornemental qu'on les cultive, mais il arrive parfois que, pendant les grands froids, leurs tiges aériennes périssent.

La multiplication des *Bambous* se fait habituellement par la division des touffes ; quelques espèces peuvent s'obtenir également par le bouturage.

La plantation peut avoir lieu tout l'hiver, *pour les Bambous traçants*, mais de préférence dans le mois de janvier et de février ; celle des *Bambous non traçants* se retarde volontiers jusqu'en avril. Au moment de la transplantation, les plantes sont enlevées de la pépinière avec leur motte, et elles sont immédiatement empaquetées dans de la paille, afin que leurs racines soient protégées du contact de l'air ; on taille ensuite les tiges assez court. Aussitôt la plantation faite, il est nécessaire de donner un arrosement copieux, pour faciliter la reprise, puis, on entretient le sol modérément humide pendant la première année, surtout pendant les grandes chaleurs.

La récolte des tiges de *Bambous* pour l'exploitation ne doit se faire que vers la fin de la troisième année et après l'hiver.

Banane. *Voir* Fruits exotiques, *page* 137.

Bananier. *Voir* Musa, *page* 44.

Banisteria chrysophylla (Heteropteris). . . . . 2 »

Plante grimpante.

— emarginata (tomentosa). 1 50

Plante grimpante.

— laurifolia. 1 50

Plante grimpante.

— nitida (Heteropteris). . . . . 2 »

Plante grimpante.

Bardane. *Voir* Plantes officinales (Lappa), *page* 140.

Barnadesia spinosa. 1 »

Bassia longifolia. . . . . de 2 à 5 »

Batatas, *Patate*. *Voir* Tubercules alimentaires, *page* 138, *et* Plantes vivaces potagères, *page* 137.

Bauhinia aculeata. 1 »

— Richardiana. . . . . de 2 à 3 »

Beaumontia grandiflora. . . . . de 1 à 2 »

Plante grimpante.

Begonia. . . . . de 0 50 à 2 »

fr. c.

Begonia argyrostigma (maculata).
— Ascotiensis.
— Caffra.
— carolinæfolia.
— castanæfolia.
— dipetala.
— Dregei.
— hydrocotylefolia.
— Ingrahami.
— Lapeyrousei.
— longipila.
— lucida.
— maculata (argyrostigma).
— manicata.
— nitida.

Begonia Ottonis.
— palmata.
— peltifolia.
— peponifolia.
— platanifolia.
— Rex.
— — argentea.
— — grandis.
— — imperator.
— semperflorens.
— stigmatosa.
— subpeltata.
— — viridis.
— tuberosa.

Bella sombra, *Phytolacca dioïca. Voir* Arbres forestiers, *page* 81.
Beloperone Amherstiæ, *Carmentine noueuse*. . . . . » 75
Berberis, *Epine vinette*. . . . . » 30

— Asiatica.
— Canadensis.
— Sinensis.
— vulgaris, *Ep. v. ordinaire.*

Berchemia (Zizyphus) volubilis. . . . . 1 »
Plante grimpante.

Bergamottier. *Voir* Arbres fruitiers (Citrus Bergamia), *page* 131.
Berrya amomilla. . . . . de 1 à 2 »
Bibacier. *Voir* Arbres fruitiers (Eriobotrya), *page* 132.
Bidens (Verbesina) crocata. . . . . » 40
Bigaradier, *Voir* Arbres fruitiers (Citrus vulgaris), *page* 130, Plants pour haies, *page* 84, *et* Veg. à essence odoriférante, *page* 141.
Bignone, *Voir* Bignonia.
Bignonia (Tecoma, Tecomaria) Capensis. . . . . . 0 75 et 1 »
Plante grimpante

— capreolata, *Anisostichus capreolata, B. à vrilles*. . . . . 1 »
Plante grimpante.

— Catalpa, *Catalpa bignonioïdes*. . . . . *Tige* . . 0 75 à 1 25
— Chica, *Arrabidœa Chica*. . . . . 1 »
Plante grimpante.

— fulva (Tecoma). . . . . 0 75 et 1 »
— grandiflora (Tecoma), *Campsis adrepens*. . . . . 1 »
Plante grimpante.

— jasminoïdes (Tecoma), *Pandorea jasminoïdes*. . . . . . . 1 »
Plante grimpante.

— Manglesii. . . . . 1 »
Plante grimpante.

— mollis (Tecoma), *Stenolobium molle* . . . . 0 75 et 1 »
— Mutisii, *Amphilophium Mutisii* . . . . 1 »
Plante grimpante.

— pentaphylla (Tecoma). . . . . de 2 à 5 »

fr. c.

Bignonia radicans (Tecoma), *Campsis radicans*. . . . . » 50
Plante grimpante.
— schinifolia (Tecoma). . . . . 0 75 et 1 »
— speciosa (Tecoma), *Clytostoma callistegioïdes*. 1 50
Plante grimpante.
— stans (Tecoma), *Stenolobium stans* . . . . 0 75 et 1 »
— Tweediana. . . . . » 75
Plante grimpante.
— unguis. . . . . » 75
Plante grimpante.
Billardiera fusiformis, *Sollya heterophylla*. . . . . 1 »
Plante grimpante.
Billbergia. . *Voir* Broméliacées, *page* 77.
Biota (Thuia), orientalis. » 60
Plant pour abris. . . . . *Le cent*, 15 »
— — aurea. . . . . de 1 à 2 »
Bletia verecunda. . . . . 2 »
Blue gum-tree. *Voir* Arbres forestiers (Eucalyptus globulus), *page* 78.
Bœhmeria argentea. . . . . 1 »
— candicans (Urtica) *Ortie de Chine*. . . . . » 10
Le cent, 8 »
— Caracasana. . . . . » 75
— palmata (Urtica) *Gonii* à Palembourg (Sumatra). 12
Le cent, 1 »
— tenacissima (Urtica) *Ramie*. . . . . » 15
Le cent, 10 »
— utilis. . . . . » 10
Le cent, 8 »
Voir aussi Végétaux économiques (Bœhmeria), *page* 139.
Bonapartea, *Voir* Dasylirion *page* 30, *et* Agave, *page* 95.
Botryodendron giganteum. . . . . de 5 à 10 »
Aliacée à très-belles et très-grandes feuilles simples.
Bougainvillea Brasiliensis . . . . de 1 à 3 »
Plante grimpante.
— glabra . . . . de 1 à 3 »
— spectabilis . . . . de 1 à 3 »
— Varcewiczii. . . . . de 1 à 3 »
Boussingaultia baselloïdes . . . . » 50
Plante grimpante.
Brexia Madagascariensis . . . . de 1 à 2 »
Bromelia à fruits comestibles . . . . 2 »
Espèce venue de Sainte-Catherine (Brésil).
— sceptrum. 2 50
Cette jolie Broméliacée se développe avec une grande rapidité dans les parties chaudes de l'Algérie ; aux approches de la floraison, ses feuilles prennent une teinte d'un rouge vif.

fr. c.

Broméliacées. *Voir page* 77.
Broussonetia papyrifera, *Mûrier à papier*. *Voir* Arbres forestiers, *page* 78.
Brunfelsia Americana. 1 »
— Sobieri. . . . . 1 »
— violacea. 2 50
Bryophyllum, *Voir* Plantes grasses, *page* 101.
Buddleia glaberrima. . . . . » 75
— Lindleyana. » 75
— Madagascariensis. . . . . 0 50 et » 75
— salicifolia. » 75
— spicata. . . . . » 75
Buisson ardent. *Voir* Cratægus pyracantha, *page* 28.
Bumelia ambigua . . . . 2 »
— lycioïdes. . . . . 2 »
— tenax, *Sideroxylon à feuilles argentées*. . . . . 1 »
Buplevrum fruticosum, *Buplèvre Oreille-de-lièvre*. . . . . » 30
Le cent, 25 »
Buxus Balearica, *Buis de Mahon* . . . . de 1 à 2 »
Byrsonima volubilis. 1 50
Plante grimpante.

Cacalia. *Voir* Plantes grasses (Kleinia), *page* 100.
Cacis, *Acacia*. *Voir* Veg. à essence odoriférante, *page* 141.
Cadia varia (C. purpurea) . . . . 1 »
Caféier. *Voir* Coffea, *page* 27.
Caladium. *Voir* Aroïdées (Colocasia), *page* 76.
Calanchoe. *Voir* Plantes grasses, *page* 101.
Calla. *Voir* Plantes bulbeuses (Richardia), *page* 114, *et* Aroïdées, *page* 76.
Calliandra (Acacia) Portoricensis. . . . . 0 75 et 1 »

	fr. c.		fr. c.
Callicarpa Americana. .	» 75	— latifolia.	» 50
— arborea	» 50	— longifolia.	» 50
— cana.	» 50	— macrophylla	» 50
— Japonica.	» 75	— Reewesii.	» 50

Callistemon (Metrosideros). . . . . de 0 75 à 1 50

— brachyandrum.	— pinifolium.
— lanceolatum (lophantha).	— rigidum.
— linearifolium.	— rugulosum.
— macrophyllum.	— speciosum.

Les *Callistemon* sont de grands arbrisseaux de la Nouvelle-Hollande : ils appartenaient autrefois au genre *Metrosideros*, nom sous lequel on les désigne encore quelquefois. Leurs inflorescences, très-brillantes, se composent d'étamines et de pistils d'un rouge très-vif, disposés généralement en forme de goupillon autour et à l'extrémité des rameaux.

Callitris quadrivalvis, *Thuia d'Algérie*. . . . . » 75
Calycanthus (Chimonanthus) fragrans.. . . . . » 50
Camara. *Voir* Lantana, *page* 40.
Campanula. *Voir* Plantes herbacées vivaces, *page* 103.

fr. c.

Camphora officinalis, *Laurus Camphora*. . . . . de 1 à 5 »

Bel arbre de moyenne taille, originaire de la Chine et du Japon, très-rustique sur le littoral algérien, et dont on obtient le camphre.

Campsis adrepens (Tecoma grandiflora). . . . . 1 »
— radicans (Tecoma, Bignonia) . . . . » 50
Camptosema rubicundum, *Dioclea glycinoïdes*. . . . . » 75

Plante grimpante.

Canavalia obtusifolia. . . . . 3 »
Canella alba . . . . de 3 à 5 »
Canna, *Balisier*. *Voir* Plantes bulbeuses, *page* 109.
Canne à sucre. *Voir* Végétaux économiques, *page* 140.
Capparis (*species*). — *Forte plante*. . . . . de 5 à 10 »
Capucine. *Voir* Végétaux grimpants (Tropæolum), *page* 94.
Carambolier. *Voir* Arbres fruitiers (Averrhoa), *page* 129.
Carica. *Voir* Arbres fruitiers, *page* 129.
Carolinea insignis 1 50
— macrocarpa 1 50

Arbre de moyenne grandeur, à cultiver dans les parties chaudes de l'Algérie, etc.

Caroubier. *Voir* Arbres forestiers, *page* 78.
et Arbres fruitiers (Ceratonia siliqua), *page* 129.
Cassia. . . . . » 60

— biflora.
— corymbosa.
— lanceolata.
— schinifolia.
— tomentosa.

Cassine Maurocenia. . . . . de 1 50 à 2 »
Castanospermum Australe . . . . de 2 à 3 »
Casuarina Cunninghami. . . . . de 0 50 à 1 »
— equisetifolia, *Filao*. . . . . de 0 50 à 1 »
— glauca. de 0 50 à 1 »
— leptoclada (C. tenuissima) . . . . de 0 50 à 1 »
— quadrivalvis. . . . . de 0 50 à 1 »
Catalpa bignonioïdes, *Bignonia Catalpa*. . . . . de 0 75 à 1 25
Cecropia palmata. 2 »
Cedratier. *Voir* Arbres fruitiers (Citrus Medica Cedra), *page* 131.
Cedrus Libani, *Cèdre* du Liban. . . . . de 2 à 3 »
Celastrus edulis, *Célastre comestible*, *Gât d'Arabie*. 0 75 et 1 »

Les Arabes de l'Yemen mangent les feuilles comme excitants et les prennent en infusion, comme le thé.

— mollis. . . . . 1 »
Celtis Americana, *Micocoulier d'Amérique*. . . . . 1 et 1 25
— Australis, *Micocoulier de Provence*, *Bois de Perpignan* 1 et 1 25
Voir aussi Arbres forestiers, *page* 78.
Cerasus Caroliniana. . . . . 1 »
— Lauro-cerasus, *Laurier-cerise* 1 50
— vulgaris. *Voir* Arbres fruitiers (Cerisier), *page* 122.
Ceratonia siliqua, *Caroubier à siliques*.
Sujets livrés à racines nues. 2 50
Sujets de 1er choix, livrés en motte,
(*Emballage de la motte compris*). . . . . 3 »

fr. c.

Ceratonia . . . . *Sujets de choix supérieur* . . . . . . de 4 à 6 »
Cerbera Manghas . . . . 1 »
Cereus, *Cierge*. *Voir* Plantes grasses, *page* 97.
Cerisier. *Voir* Arbres fruitiers, *page* 122.

fr. c.

Cestrum aurantiacum . . » 50
— diurnum . . . . . . » 60
— fœtidissimum . . . . » 60
— nocturnum . . . . . » 60
— Parqui (*Touffe en pleine terre*) . . . . » 50
En pot . . » 60
— vespertinum . . . . » 50
— viridiflorum . . . . » 60
— Warscewiczii, *Pleine terre* . . . . » 50
En pot . . » 60

Chadeck. *Voir* Arbres fruitiers (Citrus Decumana), *page* 131.
Chænestes lanceolata . . . . » 60
— longipes . . . . » 60
Chænomeles Japonica, *Cognassier du Japon* . . . . » 75
Chamædorea. *Voir* Palmiers, *page* 72.
Chamærops. *Voir* Palmiers, *page* 72.
Chayotte. *Voir* Plantes vivaces potagères, *page* 136, *et* Végétaux grimpants (Sechium edule), *page* 94.
Chelone. *Voir* Plantes herbacées vivaces, *page* 103.
Cherimolia, Chérimolier. *Voir* Arbres fruitiers (Anona), *page* 129.
Chèvrefeuille. *Voir* Végétaux grimpants (Lonicera), *page* 92.
Chimonanthus (Calycanthus) fragrans . . . . » 50
China-grass. *Voir* Bœhmeria, *page* 23, *et* Végétaux économiques, *page* 139.
Chionanthus Virginica . . . . 1 »
Chorisia speciosa . . . . 15 »
Chorozema ilicifolia . . . . de 1 à 1 50
— rotundifolia . . . . de 1 à 1 50
Chrysanthemum frutescens . . . . » 50
— grandiflorum . . . . » 50
— Indicum. *Voir* Plantes herbacées vivaces, *page* 103.
Chrysocoma coma-aurea . . . . » 50
Chymocarpus pentaphyllus (Tropæolum) . . . . » 50
Ciboule. *Voir* Plantes vivaces potagères, *page* 136.
Cierge, *Cereus*. *Voir* Plantes grasses, *page* 97.
Cineraria maritima, *Senecio Cineraria* . . . . » 50
— Petasites . . . . » 50
Cissus acida . . . . » 75
— antarctica . . . . 1 »
— discolor . . . . 2 »
— quinquefolia, *Vigne vierge* . . . . » 60
— Roylei . . . . » 75
Citharexylon . . . . *Tige* 3 »

— caudatum.
— cinereum.
— lucidum.
— quadrangulare.
— villosum.

fr. c.

Citron. *Voir* Fruits exotiques, *page* 137.

Citrus, **Citronnier.** *Voir* Arbres fruitiers, *page* 130, Plants pour haies (Bigaradier), *page* 84, *et* Végétaux à essence odoriférante, *page* 141.

Civette. *Voir* Plantes vivaces potagères, *page* 136.

Clematis smilacifolia, *Clématite à feuilles de Salsepareille*. . 1 »

— viticella, *Clématite bleuâtre*. . . . . 1 »

Voir aussi Plantes herbacées vivaces, *page* 106.

Clerodendron angustifolium. . . . . 1 »

— Bungei, (Cl. fœtidum). . . . . » 50

— Devonianum 1 50

— fragrans, *Volkameria Japonica*. . . . . » 50

— inerme. . . . . *Cultivé en pleine terre*. » 50

— *en pot*. . . . . » 75

— Lindleyanum . . . . — *en pleine terre*. » 50

— *en pot*. . . . . » 75

— serotinum. . . . . — *en pleine terre*. » 50

— *en pot*. . . . . » 75

Clivia. *Voir* Imatophyllum, *page* 39.

Clusia elliptica. . . . . de 2 à 5 »

— superba. de 5 à 10 »

Clytostoma callistegioïdes (Tecoma, Bignonia speciosa). . . 1 50

Plante grimpante.

Cobæa scandens. . . . . de 0 25 à » 50

	fr. c.		fr. c.
Coccoloba diversifolia . .	2 50	— macrophylla.	3 »
— excoriata	2 »	— platyclada (Polygonum). . . de 1 à	2 »
— latifolia. . de 2 50 à	5 »	— uvifera . . . de 2 à	5 »
— laurifolia . . de 2 à	5 »		

Cocculus Carolinus . . . . » 75

Plante grimpante.

— laurifolius (Menispermum) . . . . de 1 à 2 »

Cochlearia Armoracia. *Voir* Plantes vivaces potagères (Raifort), *page* 137.

Cocos, **Cocotier.** *Voir* Palmiers, *page* 73.

Codiæum (Croton).

	fr. c.		fr. c.
— aucubæfolium de 2 à	3 »	— pictum . . . de 2 à	3 »
— chrysostichum de 2 à	3 »	— variegatum . de 1 à	2 »
— discolor	2 »		

Coffea Arabica, *Caféier* . . . . de 1 à 2 »

Cognassier. *Voir* Arbres fruitiers, *page* 129.

Coing de Chine. *Voir* Fruits exotiques, *page* 137.

Colchicum. *Voir* Plantes bulbeuses, *page* 110.

Coleus Persoonii. » 50

— Verschaffelti *et ses variétés*. . . . . 0 50 et » 75

Colletia Bictoniensis. . . . . » 75

— spinosa (C. horrida) . . . . » 75

Colocasia cucullata . . . . » 40

	fr. c.
Colocasia esculenta, *Colocase, Gouet comestible*	» 75
Le cent,	60 »
— violacea	» 60
Le cent,	50 »
Columnea crassifolia	» 75
Colutea arborescens, *Baguenaudier*	» 30
Combretum latifolium (C. macrophyllum)	1 50

Plante grimpante.

— Pinceanum	3 »

Plante grimpante.

— purpureum, *Poivrea coccinea*	3 »

Plante grimpante.

Conocarpus latifolia . . . . de 1 à 2 »
Consoude, *Voir* Plantes officinales (Symphytum), *page* 141.
Cookia. *Voir* Arbres fruitiers, *page* 132.
Cordia domestica, *Sébestier*.

Arbre de moyenne grandeur, à feuilles larges pendant sa jeunesse, rappelant celles du *Paulownia*; au mois de juillet, il se couvre d'abondantes fleurs blanches. — Rustique sur le littoral algérien.

	fr. c.		fr. c.
— Francisci	1 »	— scabra	1 »
— paludosa	1 »	— sebestena	2 »

Cordyline (Dracæna).

	fr. c.		fr. c.
— Brasiliensis. de 2 à	5 »	— rigidifolia . de 0 75 à	1 50
— congesta. . de 75 à	1 50	— rubra. . . de 0 75 à	1 50
— ensifolia . . de 75 à	1 50	— terminalis. de 2 » à	5 »

Cornus sanguinea, *Cornouiller sanguin* . . . . » 30
Coronilla juncea . . . . 0 50 et » 75
Corylus. *Voir* Arbres fruitiers (Noisetier), *page* 124.
Corypha. *Voir* Palmiers, *page* 73.
Cotyledon. *Voir* Plantes grasses, *page* 101.
Coulteria tinctoria . . . . *Tige,* 1 et 1 25

Plants pour haies dans les parties chaudes de l'Algérie.

Le cent, 2 50
Courge vivace. *Voir* Végétaux grimpants (Cucurbita), *page* 90.
Crassula. *Voir* Plantes grasses, *page* 101.
Cratægus Azarolus. *Voir* Arbres fruitiers (Azerolier), *page* 122.
— oxyacantha, *Aubépine*.
Plants pour haies. — *Le cent,* de 1 à 1 50
— — flore albo pleno, A., *à fleurs blanches doubles* . . . » 75
— — flore roseo pleno, A., *à fleurs roses doubles* . . . . » 75
— pyracantha, *Buisson ardent*.
Plants pour haies. — *Le cent,* de 1 50 à 2 »
Cratæva Tapia . . . . de 2 à 3 »
Crescentia cucurbitina . . . . de 3 à 5 »
— Cujete, *Calebassier* . . . . de 1 à 3 »
— macrophylla . . . . de 3 à 5 »
— nigripes . . . . de 5 à 10 »

fr. c.

Crinum. *Voir* Plantes bulbeuses, *page* 110.

Crocus, *Safran. Voir* Plantes bulbeuses, *page* 110.

Croix de Jérusalem. *Voir* Plantes herbacées vivaces (Lychnis), *page* 107.

Croton (Codiæum) aucubæfolium . . . . de 2 à 3 »
— balsamiferum . . . . de 2 à 3 »
— (Codiæum) chrysostichum . . . . de 2 à 3 »
— (Codiæum) discolor . . . . 2 »
— (Codiæum) pictum . . . . de 2 à 3 »
— sebiferum, *Stillingia sebifera, Arbre à suif.*
Tige formée, 1 et 1 25
Le cent, de 40 à 50 »
Plants. — *Le cent*, 5 »
— Tiglium 1 50

Espèce qui produit l'huile de croton.

— (Codiæum) variegatum . . . . de 1 à »

Cryptanthus. *Voir* Broméliacées, *page* 77.

Cryptostegia grandiflora . . . . » 75

Cucurbita perennis . . . . » 75

	fr. c.		fr. c.
Cuphea eminens	» 60	— platycentra	» 60
— miniata	» 60		

Cupressus funebris, *Cyprès funèbre* . . . . 1 »
— sempervirens, *Cyprès pyramidal* . . . . » 60
Plants pour haies ou abris. — *Le cent*, 2 »
— — horizontalis . . . . » 60
Plants pour haies ou abris. — *Le cent*, 2 »

Curcas (Jatropha) purgans, *Médicinier* . . . . [illegible] »

Cussonia (Panax) Lessonii . . . . 3 »
— thyrsiflora . . . . de 1 à 2 »

Cycas circinalis . . . . de 10 à 50 »
— revoluta . . . . de 5 à 1000 fr.

Par la forme de sa tige et la disposition de ses feuilles, cette plante a le port d'un Palmier. Elle est originaire du Japon et, par conséquent, rustique dans les appartements. Les feuilles atteignent quelquefois 1 mètre et plus de longueur ; elles sont pennées, et les pinnules, qui sont étroites, d'un beau vert luisant, sont rangées de chaque côté du pétiole, ce qui leur donne la forme d'une arête de poisson. Dans le jeune âge du *Cycas*, la tige forme un renflement bulbeux, et c'est autour de cette partie que se développent en couronne les feuilles, qui sont plus ou moins nombreuses, selon la force des sujets. C'est une très-belle plante, qu'on peut même parfois utiliser, pendant l'été, sur les pelouses.

Cyclamen. *Voir* Plantes bulbeuses, *page* 110.

Cydonia. *Voir* Arbres fruitiers (Cognassier), *page* 122.

Cynara Scolymus. *Voir* Plantes vivaces potagères (Artichaut), *page* 136.

Cyperus alternifolius . . . . » 60
— — variegatus . . . . de 1 à 2 »
— asperifolius . . . . » 60
— Papyrus, *Souchet à papier* . . . . de 1 à 2 »

Cyprès. *Voir* Cupressus. *Voir aussi* Taxodium, *page* 87.

	fr. c.		fr. c.
Cyrtanthera carnea . . .	» 60	— longiflora.	» 60
— catalpæfolia.	» 60	— magnifica	» 60
— Ghiesbreghtiana . .	» 60	— velutina	» 60
— Liboniana	» 60		

Dahlia imperialis. 1 »
Dasylirion glaucum (Bonapartea) . . . . de 3 à 10 »
et au-dessus

Plante très-élégante avec ses feuilles recouvertes d'une matière pruineuse blanchâtre, propre à l'ornementation des serres froides ou tempérées. Dans les pays méridionaux, elle se cultive en pleine terre ; sous le climat de Paris, elle peut passer l'été pour servir à la décoration des pelouses. Elle est très-rustique et trop peu cultivée.

Dattier. *Voir* Palmiers (Phœnix) *page* 74, *et* Arbres forestiers, *page* 81.
Datura arborea. 0 50 et » 75
— — flore pleno . . . . 0 50 et » 75
Decumaria sarmentosa . . . . » 50

Plante grimpante.

Deeringia baselloïdes . . . . » 75

Plante grimpante.

Delairea odorata, *Senecio scandens* . . . . » 50

Plante grimpante.

Dentelaire du Cap. *Voir* Végétaux grimpants (Plumbago) *page* 93.
Deutzia crenata, flore pleno . . . . 0 50 et » 75
— Fortunei . . . . » 75
— scabra . . . . » 30
Dianella nemorosa. . . . . » 75
Dieffenbachia seguina. . . . . 1 »
Diervilla Japonica, *Weigelia rosea*. . . . . 0 50 et » 75
Dioclea glycinoïdes, *Camptosema rubicundum*. . . . . » 75
Diospyros Kaki, *Plaqueminier du Japon. Figue Kake. Voir* Arbres fruitiers (Plaqueminier), *page* 125. de 1 à 2 »
— — costata . . . . 2 à 3 »

Variété à gros fruits à côtes.

— Mabola, *D. exsculpta* . . . . de 3 à 5 »
— melanoxylon . . . . de 3 à 5 »
— pubescens, *Plaqueminier à feuilles velues*. . . . . » 75
— Sapota. . . . . de 3 à 5 »
Diotostemon. *Voir* Plantes grasses, *page* 101.
Dipteracanthus affinis. . . . . » 75
— Herbstii . . . . » 75
— Schauerianus. . . . . » 75
Disteganthus. *Voir* Broméliacées, *page* 77.
Dodonæa Burmanniana . . . . » 75
— conferta. . . . . » 75
— Thunbergiana . . . . » 75
Dombeya palmata . . . . 1 »
Donzellia spinosa. 1 50

	fr. c.
Dorstenia contra-yerva	1 »

Dracæna

I. DRACO.

	fr. c.		f. c.
— Draco . . . de 2 à	5 »	— fruticosa. . . de 3 à	5 »
— — Canariensis .	3 »	— marginata . de 4 à	6 »
— fragrans . . de 3 à	5 »	— Rumphii . . de 4 à	6 »

II. CORDYLINE.

	fr. c.		fr. c.
— Australis . . de 3 à	5 »	— ensifolia . de » 75 à	1 50
— Brasiliensis . de 2 à	5 »	— rigidifolia. de » 75 à	1 50
— congesta . de » 75 à	1 50	— rubra . . de » 75 à	1 50

Dracocephalum. *Voir* Pl. herbacées vivaces (Physostegia), *page* 107.

Dracunculus. *Voir* Plantes bulbeuses, *page* 110, *et* Aroïdées, *page* 76.

	fr. c.		fr. c.
Duranta brachypoda	» 75	— Plumieri	» 75
— Ellisia	» 75	— stenostachys	» 75
— inermis	» 75		

		fr. c.
Duvaua dependens		» 75

Echeveria. *Voir* Plantes grasses, *page* 101.

Echinocactus. *Voir* Plantes grasses, *page* 98.

Echinopsis. *Voir* Plantes grasses, *page* 98.

		fr. c.
Edgeworthia chrysantha		1 50
Ehretia serrata		1 50
— tinifolia		» 75
— — variegata	de 2 à	3 »
Elæagnus angustifolia (E. hortensis) *Chalef à feuilles étroites, Olivier de Bohême*		1 »
— pungens marginata	de 1 à	1 50
— — maculata	de 1 à	1 50
— reflexa		1 »
— Simoni		1 »
Elæodendron Australe	de 2 à	3 »

Éphémère. *Voir* Tradescantia, *page* 68.

Erable. *Voir* Acer, *page* 16, Negundo, *page* 45, *et* Arbres forestiers, *pages* 78 *et* 81.

		fr. c.
Eranthemum bicolor		» 75
— elegans (Justicia)		» 75
— nervosum		» 75

Eriobotrya japonica. *Voir* Arbres fruitiers, *page* 132.

		fr. c.
Eriocephalus aromaticus	0 50 et	» 60

Très-belle plante ligneuse d'environ 1 mètre de hauteur, se couvrant en automne d'innombrables capitules des fleurs blanches.— Rustique en Algérie et dans le bassin méditerranéen.

		fr.	c.
Eriodendron anfractuosum	de 2 à	5	»
Eryngium bracteatum	de 3 à	5	»
— pandanæfolium	de 4 à	5	»

Les *Eryngium* sont des plantes vivaces qui font un bele ffet, cultivées isolément sur les pelouses : elles rappellent, par leurs feuilles, le port du *Pandanus utilis*. Elles sont rustiques en Algérie et sur le littoral de la Méditerranée.

		fr.	c.
Erythrina Caffra	*Tige.*	2	»

Grand arbre d'ornement.

		fr.	c.
	Cultivé en pot.	1	»
	Boutures enracinées en pleine terre.	»	50
— Corallodendron, *Arbre de corail.*			
	Boutures enracinées en pleine terre.	»	50
— coralloïdes	*Tige.*	2	»
	Cultivé en pot.	1	»
— Crista-galli, *Er. Crête de coq.*	*Cultivé en pot.*	1	»
— — Cottyana	*Boutures enracinées en pleine terre.*	»	50
— — floribunda	*Cultivé en pot.*	1	»
— — ruberrima	— —	1	»
— formosa	*Cultivé en pleine terre.*	»	50
— herbacea	— —	»	50
— laurifolia	— —	»	50
— picta	— —	»	50
— species	— —	»	50
— — du Mexique		1	»
— umbrosa	*Tige.*	2	»
	Cultivé en pot.	1	»

Grand arbre d'ornement.

		fr.	c.
— velutina	*Cultivé en pleine terre.*	1	»
— vespertilionis		1	»

Au Jardin du Hamma d'Alger, les *Er. Corallodendron* et *umbrosa* acquièrent en très-peu de temps des dimensions considérables, puisqu'il y a des sujets qui ont jusqu'à 10 mètres de hauteur, et dont le tronc mesure, vers la base, plus de 2 mètres de circonférence. L'*Er. Crista-galli*, qui n'offre dans nos cultures parisiennes que des sortes de tronçons rabougris, atteint, en Algérie, la forme et la grosseur de nos pommiers à haute tige. Du reste, à Toulon et à Nice, sur le littoral, on en rencontre dans les jardins des sujets qui sont très-beaux. Par leurs belles fleurs rouges disposées en longs épis, les *Erythrines* sont trop connues pour que nous insistions davantage à les recommander.

	fr.	c.
Escallonia rubra	»	75

Estragon. *Voir* Plantes vivaces potagères, *page* 137.

Eucalyptus. *Voir aussi* Arbres forestiers, *page* 78.

	fr.	c.
— amygdalina	»	60
— calophylla	»	60
— colossea	1	»
— globulus	»	40
Les 25,	10	»
Les 50,	15	»
Le cent,	25	»
— goniocalyx	»	60
— hæmastonia	»	60
— hemiphloia	»	60
— maculata	»	60
— microcorys	»	60
— odorata	»	60
— oppositifolia	»	60
— polyanthemos	»	60
— Resdonii	»	60
— resinifera	»	40
Le cent,	30	»
— robusta	»	60
— Stuartiana	»	60

	fr. c.		fr. c.
Eucalyptus siderophloia	» 60	— tereticornis	» 60
— trachyphloia	» 60	— viminalis	» 60

Eucomis. *Voir* Plantes bulbeuses, *page* 110.

Eugenia acris, *Myrcia pimentoïdes*, *Myrtus Pimenta*. . de 4 à 8 »
— aquea . . . . de 1 à 1 50
— australis (Jambosa) . . . . de 1 à 1 50
— axillaris, E. sphærosperma . . . . » 75
— crassifolia . . . . 1 »
— Fernambucensis . . . . 1 »
Plante sarmenteuse.
— Guaviju . . . . de 1 à 2 »
— Jambos, *Jambosa vulgaris*. . . . . de 1 à 1 50
— Malaccensis (Jambosa). . . . . de 2 à 3 »
— Michelii, *E. uniflora* . . . . » 75
— sphærosperma, *E. axillaris*. . . . . » 75
— stenocalyx . . . . de 1 à 2 »
— ternifolia . . . . 2 »

Eupatorium adenophorum, *Eupatoire* . . . . » 30
— salicifolium. . . . . » 75
— tinctorium (E. lœve). . . . . » 50

Euphorbia. *Voir* Plantes grasses, *page* 101.

Eustrephus angustifolius . . . . » 75
Plante grimpante.

Evonymus, *Fusain*.
— Japonicus . . . . de 0 75 à 2 »
— — foliis variegatis. *F. à feuilles panachées*, de 0 75 à 2 »
— — aureus. *F. à feuilles dorées* . . . . 0 75 et 1 »

Fabricia lævigata. . . . . de 1 à 1 50
— myrtifolia . . . . de 1 à 1 50

Fadyena laurifolia . . . . 1 »

Fenouil. *Voir* Plantes officinales (Anethum), *page* 140.

Ferraria. *Voir* Plantes bulbeuses, *page* 110.

Févier. *Voir* Arbres forestiers (Gleditschia), *page* 81

Ficoïde. *Voir* Plantes grasses (Mesembrianthemum), *page* 102, *et* Plantes pour bordures, *page* 116.

Ficus, *Figuier*.
— Afzelii . . . . de 1 à 2 »
— Bengalensis . . . . de 1 à 2 »
— Bolleri. . . . . *Tige levée en motte*. de 2 à 4 »
Pour arbre d'ornement.
— Brassii. . . . . 2 »
— Capensis. . . . . *Tige levée en motte*. de 2 à 4 »
Pour arbre d'ornement.
— Carica, *Figuier à fruits comestibles*. *Voir* Arbres fruitiers, *page* 123.
— Chauvieri . . . . de 1 à 2 »
— Cooperi. . . . . 2 »
— cordifolia . . . . *Tige levée en motte*. de 2 à 4 »
Pour arbre d'ornement.
— coronata . . . . de 1 à 2 »

fr. c.

Ficus elastica, *Figuier à caoutchouc*. . . . . . . de 0 50 à 4 »
— ferruginea . . . . de 1 à 2 »

Pour arbre d'ornement.

— glumacea . . . . *Tige levée en motte*. de 2 à 4 »
— heterophylla. . . . . de 0 75 à 1 50
— incana . . . . de 1 à 2 »
— lævigata. . . . . *Tige levée en motte*. de 2 à 4 »

Pour arbre d'ornement.

Plants pour haies et abris. Le cent, 50 »

Excellente espèce toujours verte, à petites feuilles, très-propre former des haies, des abris, des brise-vents. — A cultiver dans les localités où il ne gèle pas.

— leuconera . . . . de 1 à 2 »
— leucophylla . . . . 2 »
— lutescens. . . . . de 1 à 2 »
— Milletii . . . . de 1 à 2 »
— mollis . . . . de 1 à 2 »
— Murrayana. . . . . de 1 à 2 »
— Neumanni. . . . . 2 »
— nitida. . . . . *Tige levée en motte* de 2 à 6 »

Pour arbre d'ornement.

Plants pour haies et abris. Le cent, 50 »
— pereskiæfolia . . . . de 1 à 2 »
— persicæfolia. . . . . de 1 à 2 »
— Porteana . . . . 2 »
— racemosa.. . . . . *Tige levée en motte*. de 2 à 4 »

Pour arbre d'ornement

— ramiflora . . . . *En pot* de 2 à 4 »
— reclinata.. . . . . *Tige levée en motte*. de 2 à 4 »

Pour arbre d'ornement.

— religiosa.. . . . . *Tige levée en motte*. de 2 à 4 »

Pour arbre d'ornement.

— Roxburghii. . . . . *Tige levée en motte*. de 2 à 4 »

Pour arbre d'ornement.

En pot de 0 50 à 2 .

— rubiginosa.. . . . . *Tige levée en motte*. de 2 à 4 »

Pour arbre d'ornement.

— scandens (F. stipulata) . . . . 0 75 et 1 »

Espèce grimpante, s'attachant aux murailles comme le Lierre.

— — *Sujet à feuilles plus larges, obtenu de boutures faites de rameaux fructifères*. . . . . 1 »
— subpanduræfolia . . . . 2 »
— Sycomorus.. . . . . *Tige levée en motte*. de 2 à 4 »

Pour arbre d'ornement.

— Tsjela. . . . . *En pot* de 1 à 2 »

Les *Ficus* sont des arbres toujours verts, dont le riche feuillage est très-décoratif. La plupart des espèces parviennent à de grandes dimensions; à notre jardin du Hamma, les Ficus *Capensis*, *cordifolia*, *glumacea*, *racemosa*, *Roxburghii*, *Sycomorus*, se sont

fr. c.

développés avec une telle vigueur, que leur tronc varie de 1m.20 à 2 m. 60 de circonférence, sur une hauteur de 10 à 12 mètres. Dans ce cas, ces espèces peuvent être employées à former des allées ou des avenues ombreuses, ou à être groupées en massifs. Les F. *nitida* et *lævigata* sont avantageusement employés à former des haies, des abris et des brise-vents. En général, ces arbres peuvent se cultiver sur tout le littoral algérien, dans les localités où il ne gèle pas ; ils réclament une terre substantielle, meuble, profonde et fraîche.

Figue de Barbarie. *Voir* Fruits exotiques, *page* 137.
— **Kake.** *Voir* Arbres fruitiers (Plaqueminier), *page* 125.
Figuier à fruits comestibles. *Voir* Arbres fruitiers, *page* 123.
— de Barbarie. *Voir* Opuntia, *page* 99.
— d'Inde. *Voir* Opuntia, *page* 99.
Filao, *Casuarina*. *Voir* Conifères, *page* 86.
Fittonia (Gymnostachyum) . . . . 0 75 et 1

— argyroneura. | — Pearcei.
— gigantea. | — Werschaffeltii.

Les *Fittonia* ou *Gymnostachyum* sont de charmantes petites plantes ligneuses et rampantes, dont les feuilles sont veinées de blanc, de rose ou de rouge, selon les espèces. La culture en est très-facile, mais elles recherchent l'obscurité dans la serre chaude.

Fleur de la Passion. *Voir* Végétaux grimpants (Passiflora), *page* 92.
Fontanesia phillyræoïdes, *Faux-Filaria* . . . . » 50
Fourcroya. *Voir* Plantes grasses, *page* 96.
Fragaria, *Fraisier*. *Voir* Plantes vivaces fruitières, *page* 134.
Fraisier. *Voir* Plantes vivaces fruitières, *page* 134.
Franciscea eximia . . . . de 1 à 1 50
— latifolia . . . . de 1 à 1 50
— macrantha . . . . de 1 à 1 50
Fraxinus excelsior, *Frêne commun* . . . . de 0 75 à 1 25
Arbre forestier.
— præcox . . . . de 0 75 à 1 25
Arbre forestier.
— Ornus, *Frêne à fleurs* . . . . 1 »
— pubescens 1 25
Arbre forestier.
— rotundifolia, *Frêne à la manne* 1
Frêne, *Fraxinus*.
Fritillaria. *Voir* Plantes bulbeuses, *page* 110.
Fuchsia globosa . . . . de 0 50 à 1 »
— (variés) . . . . de 0 50 à 1 »
— syringæflora . . . . 0 75 et 1 »
Gardenia Thunbergia . . . . de 3 »» à 5 »
Gastonia palmata . . . . de 1 50 à 2 »
Gaura. *Voir* Plantes herbacées vivaces, *page* 106.
Gazania speciosa . . . . *Boutures non enracinées* » 05
Geissomeria longiflora . . . . » 75
Gendarussa vulgaris . . . . » 75
Genévrier. *Voir* Conifères (Juniperus), *page* 86.
Genista juncea, *Spartium junceum, Genêt d'Espagne odorant* . . » 30
— linifolia . . . . » 75

fr. c.

Geranium. *Voir* Pelargonium, *page* 48.
Gesse. *Voir* Plantes herbacées vivaces (Lathyrus), *page* 107, *et* Végétaux grimpants, *page* 92.
Gladiolus. *Voir* Plantes bulbeuses, *page* 110.
Glaïeul. *Voir* Plantes bulbeuses, *page* 110.
Gleditschia Caspica, *Févier de la mer Caspienne* 1 25
— inermis, F., *sans épines* 1 25
— Sinensis F., *de la Chine* 1 25
Voir aussi Plants pour haies, *page* 84.
— triacanthos, F. *à trois épines* 1 25
Voir aussi Arbres forestiers, *page* 80.
Globba (Alpinia) nutans . . . . de 1 à 2 »
Glycine (Wistaria frutescens) . . . . 0 75 et 1 »

Plante grimpante.

— Chinensis, *Glycine de la Chine* . . . . 0 75 et 1 »

Plante grimpante.

Glycosmis trifoliata . . . . de 1 à 2 »
Goldfussia glomerata . . . . » 75
Gommier bleu. *Voir* Arbres forestiers (Eucalyptus globulus), *page* 78.
Gonii. *Voir* Bœhmeria palmata, *page* 23.
Gonospermum fruticosum, *Tanacetum Canariense* . . . . . . » 75
Gouet. *Voir* Plantes bulbeuses (Colocase), *page* 110, *et* Aroïdées *page* 76.
Goyavier. *Voir* Arbres fruitiers (Psidium), *page* 133.
Goyave. *Voir* Fruits exotiques, *page* 137.
Grenadier. *Voir* Punica Granatum, *page* 53.
Grevillea Hillii . . . . de 2 à 3 »
— longifolia . . . . de 1 50 à 2 »
— Macleyana . . . . de 2 à 3 »
— Manglesii (Anadenia) . . . . de 1 50 à 2 »
— robusta . . . . . *Plante forte pour alignement.* de 2 à 3 »
Jeunes plants élevés en pot, de 0 75 à 2 »

Le *Gr. robusta* cultivé en pot est recherché pour la décoration des appartements. Il est également estimé comme arbre forestier. *Voir page* 80.

Grewia occidentalis (*Pour arbre d'ornement*). *Tige.* — de 1 à 2 »
— orientalis . . . . » 75
Guazuma tomentosa . . . . 1 »
— ulmifolia . . . . 1 »
Guilandina glabra . . . . 1 »
Gusmania. *Voir* Broméliacées, *page* 77.
Gutta-percha. *Voir* Arbres fruitiers (Mimusops), *page* 132.
Gymnema sylvestre . . . . » 75

Plante grimpante.

Gymnocladus Canadensis, *Chicot du Canada* . . . . 0 75 et 1 »

Grand arbre.

Gymnostachyum. *Voir* Fittonia, *page* 35.

fr. c.

Gynerium argenteum. *Herbe des Pampas* (*Voir aussi* Plantes herbacées vivaces, *page* 106). . . . . de 1 à 2 »
— — *var.* Bertini . . . . de 1 à 2 »
Habrothamnus. . . . . de 0 60 à 1 »

— elegans.
— fascicularis.
— Hugelii.
— scaber.

Les *Habrothamnus* sont des arbrisseaux buissonnants originaires du Mexique. En Algérie, pendant une partie de l'automne et de l'hiver, leurs rameaux pendants se couvrent de bouquets de fleurs tubulées d'un rouge foncé. Dans les jardins d'Europe, ils produisent un très-bel effet, cultivés en pleine terre, sur les pelouses, où ils se couvrent,à l'automne,d'abondantes fleurs, mais il faut alors les rentrer, pendant l'hiver, en serre tempérée.

Hæmanthus. *Voir* Plantes bulbeuses, *page*.112.
Hæmatoxylon Campechianum, *Bois de Campêche*. . . de 3 à 5 »
Hakea gibbosa (pinifolia). . . . . de 1 à 2 »
— saligna . . . . de 0 75 à 1 50
— Victoriæ . . . . de 1 à 2 »
Halleria lucida. . . . . » 60

Arbrisseau à fleurs d'un rouge vif.

Hamelia patens. . . . . de 1 50 à 2

Rubiacée à fleurs rouges, nombreuses,réunies en une sorte de corymbe d'un très-bel effet.

Haplolophium echinatum. . . . . 1 »

Bignoniacée grimpante.

Hardenbergia monophylla (Kennedya bimaculata). . . . 1 »

Plante grimpante.

— ovata (Kennedya) . . . . 1 »

Plante grimpante.

— — alba . . . . 1 »

Plante grimpante.

Haricot Caracolle, *Phaseolus Caracalla*. . . . . de 1 à 2 »
Harpullia pendula. . . . . de 2 à 5 »
Hebeclinium atrorubens. . . . . 1 »
— ianthinum . . . . » 75
Hedera Helix Algeriensis, *Lierre d'Alger*. . . . . de 0 50 à 1 »
— — microphylla, *Lierre à petites feuilles*. . . de 0 50 à 1 »
— — variegata, *Lierre à feuilles panachées*. . . de 0 50 à 1 »
Hedychium. *Voir* Plantes bulbeuses, *page* 112.
Heimia. *Voir* Nesæa, *page* 46.
Helianthus orgyalis. *Voir* Plantes herbacées vivaces, *page* 107.
— tuberosus. *Voir* Tubercules alimentaires (Topinambour), *page* 138.
Heliotropium variés. . . . . de 0 25 à » 50
Hemerocallis. *Voir* Plantes herbacées vivaces, *page* 107.
Herbe à mille feuilles. *Voir* Plantes officinales (Achillea), *page* 140.
— aux turquoises. *Voir* Plantes pour bordures (Ophiopogon), *page* 116.
Heritiera . . . . de 2 à 5 »
Hernandia sonora. . . . . de 2 à 3 »

H

fr. c.

Heteropteris (Banisteria) chrysophylla. . . . . 2 »
Plante grimpante.
— nitida. . . . . 2 »
Plante grimpante.
Hexacentris coccinea. . . . . » 75
Plante grimpante.
Hibiscus Abelmoschus. . . . . » 50
— Cubensis. . . . . 1 »
— digitiformis . . . . 1 »
— immutabilis. . . . . » 50
— liliflorus. . . . . 0 75 et 1 »
— militaris. . . . . » 25
Plante vivace.
— mutabilis, flore simplici. . . . . » 50
— — flore pleno. . . . . de 0 50 à 1 »
— Parkeri . . . . 0 75 et 1 »
— ricinifolius. . . . . 0 75 et 1 »
— Rosa Sinensis, *Ketmie Rose de Chine*, à fleurs simples 0 75 et 1 »
— — carnea (fleurs simples). . . . . » »
— — flore pleno (fleurs rouges doubles). . . . . » »
— — jaune nankin. » »
— — — — simple. » »
— — — — double. » »
— — phænicea. . . . . » »
— — purpurea . . . . » »
— — rouge double monstrueuse. . . . . » »
— — tricolore, du Japon. . . . . » »
— Syriacus, *Althœa frutex*. . . . . » 40

— — blanc double.
— — lilas double.
— — rose simple.
— — rose double.
— — violet simple.
— — — double.

— tiliaceus. 0 75 et 1 »
— umbellatus. . . . . » 50
— Virginicus. . . . . » 25
Espèce vivace.

Hippomane Mancenilla, *Mancenillier* . . . . 5 »
— spinosa. 1 50
Holmskioldia sanguinea 1 50
Homalium racemosum. . . . . de 1 à 1 50
Houblon. *Voir* Végétaux économiques, *page* 140.
Houttuynia. *Voir* Plantes aquatiques, *page* 108.
Hovenia. *Voir* Arbres fruitiers, *page* 124.
Hoya carnosa, *Asclépiade charnue*. . . . . 1 »
Plante grimpante.
— — variegata, *A. ch. à feuilles panachées*. . . . . . . 1 »
— cinnamomifolia 1 50
Plante grimpante.
— fraterna. 1 50
Plante grimpante.

	fr.	c.
Humulus, **Houblon**. *Voir* Végétaux économiques, *page* 140.		
Hura crepitans, *Sablier*	2	»
Hyacinthus, *Jacinthe*. *Voir* Plantes bulbeuses, *page* 112.		
Hydrangea Japonica	»	75
Hypericum Canariense, *Millepertuis*	»	75
— Chinense	»	75
— hircinum, *M. à odeur de bouc*	»	50
Iberis sempervirens. *Voir* Plantes herbacées vivaces (Thlaspi), *page* 107.		
If commun, *Taxus baccata* . . . de 1 à	2	»
Ilex Paraguayensis, *Houx du Paraguay* . . . de 3 à	5	»
Imatophyllum Aitonii, *Clivia nobilis* . . . de 1 50 à	2	»
— cyrtanthiflorum . . . de 3 à	5	»
— miniatum . . . de 3 à	5	»
Imbricaria coriacea . . . de 2 à	5	»
Indigofera rosea	»	50
Inga cinerea	1	»
— unguis-cati . . . 0 75 et	1	»
Iochroma coccineum	1	»
— tubulosum	»	75
Ipomæa Leari Plante grimpante.	»	50
— Mexicana grandiflora alba Plante grimpante.	»	50
— palmata Plante grimpante.	1	»
Iris. *Voir* Plantes bulbeuses, *page* 113.		
Isolepis gracilis	»	50
Itea Virginica	»	75
Ixia. *Voir* Plantes bulbeuses, *page* 113.		
Jacaranda mimosæfolia . . . de 2 à	3	»

Arbre de la famille des Bignoniacées, à feuillage composé très-élégant, rappelant celui d'une Fougère. En mai-juin, fleurs bleu d'azur, disposées en panicule. Dans les parties chaudes ou tempé rées de l'Algérie. le *Jacaranda mimosæfolia* serait un des plus beaux ornements des jardins.

	fr.	c.
Jacinthe. *Voir* Plantes bulbeuses (Hyacinthus), *page* 112.		
Jacquinia Mexicana	1	»
— ruscifolia	1	»

Charmants petits arbrisseaux quand ils sont fleuris.

	fr.	c.
Jambosa (Eugenia) Australis, *Jambosier* . . . de 0 75 à	1	50
— Malaccensis (*Voir aussi* Arbres fruitiers, *page* 132.) de 2 à	3	»
— vulgaris, *Eugenia Jambos* . . . de 1 à	1	50
Jamelongue. *Voir* Arbres fruitiers (Zizygium), *page* 133.		
Jasmin de Virginie. *Voir* (Campsis radicans), *page* 89.		

	fr.	c.
Jasminum Azoricum, *Jasmin des Açores*	1	»
— Bouquetti, *J. de la Nouvelle-Calédonie*	1	»
— dianthifolium, *J. à feuilles d'œillet*	1	»
— flexile	1	»
— fruticans	»	50

	fr.	c.
Jasminum glaucum. . .	1	»
— grandiflorum, *J. à grandes fleurs ou d'Espagne*. . . .	1	»
— heterophyllum . . .	1	»
— Mauritanicum . . .	1	»
— officinale, *J. commun*	1	»
— revolutum, *J. triomphant*	1	»
— Sambac (Mogorium Sambac) *J. d'Arabie*.	1	»
— — flore pleno. *Grand duc de Toscane*. de 1 à	2	»
— trinerve	1	»
— undulatum.	1	»
— Wallichianum . . .	1	»

	fr.	c.
Jatropha Curcas, *Curcas purgans, Médicinier*.	1	»
Joubarbe. *Voir* Plantes grasses (Sempervivum), *page* 101.		
Juanulloa aurantiaca	»	75
Juglans nigra, *Noyer noir* . . . . *Tige* . . . . de 0,75 à	1	25
(*Voir aussi* Arbres forestiers), *page* 81.		
— regia, *Noyer ordinaire*. . . . . *Tige* . . . . de 0,75 à	1	25
(*Voir aussi* Arbres fruitiers (Noyer), *page* 124.		
Jujubier. *Voir* Zizyphus, *page* 70.		
Juniperus, Phœnicea, *Genévrier de Phénicie*.	»	75
— Virginiana, *G. ou Cèdre de Virginie*.	»	60
Jussiæa grandiflora.	»	50
Plante vivace aquatique.		
Justicia Adhatoda, *Carmentine de Ceylan*.	»	40
— quadrifida, *Carmentine à quatre feuilles*.	»	40
Charmante plante se couvrant d'innombrables fleurs rouge violacé.		
Kennedya bimaculata, *Hardenbergia monophylla*	1	»
Plante grimpante.		
— ovata (Hardenbergia)	1	»
Plante grimpante.		
— — alba	1	»
Ketmie. *Voir* Hibiscus, *page* 38.		
Kleinia. *Voir* Plantes grasses, *page* 100.		
Kœlreuteria paniculata	»	75
Lachenalia. *Voir* Plantes bulbeuses, *page* 113.		
Lagerstræmia Barklayana	1	50
— elegans. . . . . de 1 à	2	»
— Indica. . . . . *Cultivé en pleine terre*, 0 75, 1 et	2	»
— — rosea.	»	75
— — violacea.	»	75

Les *Lagerstræmia* sont de magnifiques arbrisseaux pouvant atteindre de 3 à 4 mètres de hauteur et se couvrant, en été, d'une abondante floraison. Ces végétaux sont très-cultivés dans le midi de la France.

	fr.	c.
Lantana	»	30

— alba grandiflora, *Camara blanche à grandes fleurs*.
— alba-rosea, *Camara blanche et rose*.
— Camara, *Camara commune*.
— corymbosa.
— Geroldiana.
— Laisneana.
— melissæfolia.
— Mexicana.
— nivea, *Camara blanc de neige*.
— rosea.
— Sellowiana.

fr. c.

* Les *Lantana* sont de charmants arbrisseaux qui se garnissent très-abondamment de fleurs. On en forme, en Algérie, des haies fort gracieuses. Le *L. Sellowiana* est une espèce naine à fleurs violettes, propre à former des bordures ou des tapis, comme les Verveines.

Lappa, *Bardane*. *Voir* Plantes officinales, *page* 140.
Lasiandra argentea, *Rhexia holosericea* . . . . 2 »
Lasiopetalum (Thomasia) solanaceum. . . . . 4 »
Latania. *Voir* Palmiers, *page* 74.
Lathyrus. *Voir* Plantes herbacées vivaces, *page* 107, *et* Végétaux grimpants, *page* 92.
Laurier. *Voir* Laurus.
Laurier-rose. *Voir* Nerium, *page* 45.
Laurier-Tin, Viburnum Tinus . . . . 0 75 et 1 »
Laurus Camphora (Camphora officinalis), *Laurier Camphrier* de 1 à 5 »
— Carolinensis (Persea), (L. Borbonia). 1 50
— Indica (Persea), *Laurier de l'Inde*, *Laurier de Madère*, de 1 à 3 »
— nobilis, *Laurier franc d'Apollon*, *Laurier-sauce*, de 0 75 à 2 »
Plants pour abris ou brise-vents. — *Le cent*, 5 »
— Persea. *Voir* Arbres fruitiers (Persea), *page* 132.
— tomentosa. . . . . de 1 à 2 »
Lavandula, *Lavande*, *Voir* Plantes officinales, *page* 140.
Leea coccinea. . . . . de 1 50 à 3 »
Leonotis (Phlomis) Leonurus. . . . . » 75
Lepidium latifolium, *Passe-rage*. *Voir* Plantes officinales, *page* 140.
Lepismium. *Voir* Plantes grasses, *page* 99.
Leptospermum lævigatum . . . . 1 »
Leucodendron Australe. . . . . de 1 50 à 2 »
— cinereum (Protea cinerea). . . . . 2 »
Leucoïum. *Voir* Plantes bulbeuses, *page* 113.
Libonia floribunda. . . . . de 0 75 à 2 »
Lierre. *Voir* Végétaux grimpants (Hedera), *page* 91.
Ligustrum coriaceum, *Troëne à feuilles coriaces*. . . . de 1 à 1 50
— Japonicum, *Troëne du Japon*. . . . . de 0 50 à 1 »
Plants pour abris. — *Le cent*, 5 »
— ovalifolium, *Tr. à feuilles ovales*. . . . . » 75
— Sinense, *Tr. de la Chine*. . . . . » 75
Lilas des Indes. *Voir* Arbres forestiers, *page* 81, *Melia Azedarach*.
Lilium, *Lis*. *Voir* Plantes bulbeuses, *page* 113.
Limetta, **Limettier**. *Voir* Arbres fruitiers (Citrus Limetta), *page* 131.
Limnocharis Humboldtii. . . . . de 0 50 à 1 »

Plante vivace aquatique.

Limon, **Limonier**, **Limonum**, *Voir* Arbres fruitiers (Citrus Limonum), *page* 131.
Linum trigynum, *Lin à grandes fleurs jaunes* . . . . » 60

Charmant petit arbrisseau, qui se couvre d'une quantité considérable de jolies et grandes fleurs jaunes. Il est très-cultivé dans les jardins du midi de la France.

Lippia (Aloysia) citriodora, *Verbena triphylla*, *Verveine odorante*. *Verv. Citronnelle*. . . . . » 30

fr. c.

Lippia repens (L. canescens). . . . . » 15
Pour bordures ou talus. — Le cent, 10 »

Jolie petite Verbénacée rampante, originaire de l'Algérie.

Lis, *Lilium*. *Voir* Plantes bulbeuses, *page* 113.
Livistona Australis. *Voir* Palmiers (Corypha), *page* 73.
— Sinensis. *Voir* Palmiers (Latania), *page* 74.
Lomatia polyantha . . . . 2 »
Lomatophyllum. *Voir* Plantes grasses, *page* 97.
Lonicera, *Chèvrefeuille*. *Voir* Végétaux grimpants, *page* 92.
Lophospermum scandens. . . . . » 75

Plante grimpante.

Lotus Jacobæus. . . . . 0 50 et » 75
Luculia grandifolia. . . . . 3 »
Lucuma mammosum. . . . . de 2 à 3 »
Luhea (species).. . . . . de 2 à 3 »
Lumie. *Voir* Arbres fruitiers (Citrus Lumia), *page* 131.
Lychnis Chalcedonica, *Voir* Plantes herbacées vivaces, *page* 107.
Maclura aurantiaca, *Maclure épineux*, *Mûrier à bois jaune*.
Tige . . . . . de 0,75 à 1 25
Plants pour haies. — Le cent, 2 50
— tricuspidata. . . . . 1 »
Macrochardium melananthum. . . . . 3 »
Magnolia grandiflora. . . . . de 1 à 3 »
Mahonia Beali. . . . . de 1 50 à 2 »
— Japonica. . . . . 0 75 et 1 »
— Nepalensis. . . . . 0 75 et 1 »
Malpighia macrophylla. . . . . 2 »
— urens. . . . . 2 »
Malus. *Voir* Arbres fruitiers (Pommier), *page* 126.
Malva (Sphæralcea) umbellata. . . . . » 50
En pot, » 75
Malvaviscus concinnus, *Mauvisque* . . . . » 75
— mollis.. . . . . » 50
Mamillaria. *Voir* Plantes grasses, *page* 99.
Mandarin. *Voir* Arbres fruitiers (Citrus Aurantium), *page* 130.
Mandarinier. *Voir* Arbres fruitiers (Citrus Aurantium), *page* 130.
Mandevillea suaveolens. . . . . 1 »

Plante grimpante.

Manettia cordata. . . . . 1 »

Plante grimpante.

Marjolaine. *Voir* Plantes officinales (Origanum), *page* 141.
Matricaria, *Matricaire*. *Voir* Plantes officinales, *page* 140.
Medeola asparagoïdes. 0 75

Plante grimpante.

Medicago arborea, *Luzerne en arbre*. . . . . » 60

Plante propre à former des bordures, dans la région méditerranéenne.

Melaleuca. . . . . de 0 75 à 1 50

Melaleuca decussata.
— ericæfolia.
— hypericifolia.
— imbricata.
— species.
— sphærica.
— squamea.
— styphelioïdes.

	fr.	c.
Melia Azedarach, *Lilas des Indes*. — Tige. . . . . 0 75 et	1	»
— sempervirens. . . . . — Tige. . . . . 0 75 et	1	»
Melianthus major.	»	75
— minor.	»	75
Melicocca bijuga. de 2 à	5	»
Melissa. *Voir* Plantes officinales, *page* 141.		
Melloa populifolia.	3	»
Plante grimpante.		
Menispermum laurifolium, *Cocculus laurifolius*. . . . de 1 à	2	»
Mentha. *Voir* Plantes herbacées vivaces, *page* 107, *et* Pl. officinales, *page* 141.		
Mesembrianthemum, *Ficoïde*. *Voir* Plantes grasses, *page* 102. *et* Plantes pour bordures, *page* 115.		
Mespilus. *Voir* Arbres fruitiers (Néflier), *page* 124.		
Metrosideros (Acmena) floribunda. . . . . de 0 75 à	1	50
— florida. . . . . de 1 à	2	»
Meyenia erecta	»	75
Micocoulier. *Voir* Arbres forestiers (Celtis), *page* 78.		
Mikania fastuosa.	1	»
Plante grimpante.		
Millefeuille. *Voir* Plantes herbacées vivaces (Achillea), *page* 103.		
Mimusops Balota. *Voir* Arbres fruitiers, *page* 132.		
Mogorium, *Sambac*. *Voir* Végétaux grimpants, *page* 92.		
Monetia barlerioïdes. . . . . de 1 à	3	»
Montagnæa (Montanea) bipinnatifida . . . . 0 75 et	1	»
Moræa fimbriata, *Iris Chinensis*. *Voir* Plantes bulbeuses, *page* 113.		
Morelle, *Voir* Végétaux grimpants (Solanum), *page* 94.		
Moringa pterigosperma. . . . . de 1,50 à	2	»

Arbre de la famille des Légumineuses. Ses graines donnent une huile connue des horlogers sous le nom d'*Huile de Ben*.

Morus. *Mûrier*.

	fr.	c.
— alba		
Tige. de 0 75 à	1	25
— Lou.	»	75
— multicaulis.	»	75
— multicaulis hybriba. .	»	75
— nigra. . . de 0 75 à	1	50
— rubra. . . . 0 75 et	1	»

	fr.	c.
Muehlenbekia varians, *Renouée à feuilles en cœur*.	»	75
Plante grimpante.		
Mûrier. *Voir* Morus. Arbres fruitiers, *page* 124, et Maclura, *page* 42.		
Murraya exotica. . . . . .de 0 75 à	2	»

Charmant arbrisseau touffu de la famille des Orangers, à fleurs blanches très-odorantes.

fr. c.

Murucuja ocellata . . . . » 75

Musa, *Bananier.*

Les Musa Ensete *et* vittata *sont cultivés en pot ; les autres espèces le sont en pleine terre, et ne sont livrés que par tige séparée des souches. Pour faciliter l'emballage, les feuilles de ces dernières sont toujours retranchées.*

— discolor, *B. à feuilles de deux couleurs* . . . . 3 »

Les tiges de cette espèce ont jusqu'à 2 et 3 mètres de hauteur, elles sont d'un rouge violacé. Les feuilles sont très-grandes et également violacées en dessous. Les fruits sont bons, mais ils arrivent rarement à maturité. C'est plutôt une plante destinée à l'ornementation que propre à donner des produits alimentaires.

— Cavendishii. *Voir* Musa Sinensis.

— Ensete, *B. d'Abyssinie.*

de 0m,50 à 0m,80 *de hauteur; de* 4 à 5 *feuilles.* 20 »

Sujets plus forts . . de 25 à 70 »

Ce *Bananier* est certainement le plus beau du genre. Au jardin du Hamma, il prend un développement considérable. En janvier 1874, plusieurs pieds de cette espèce, arrivés à leur complet développement portaient de 50 à 60 feuilles, dont quelques-unes mesuraient jusqu'à 5 mètres de long sur un mètre de large. Le tronc formé en partie par la base des feuilles, avait de 3 m. à 3 m. 50 de circonférence.

Le *Musa Ensete* n'émet pas de drageons au pied : c'est donc une espèce monocarpienne, c. à. d. qui meurt après avoir donné ses fruits. Ces fruits ne sont pas comestibles.

En Europe, il peut passer l'hiver en serre tempérée ; pendant l'été, on le met en pleine terre, en mai, sur les pelouses ; il y pousse très-vigoureusement jusqu'en octobre, époque à laquelle il faut le relever pour le remettre en serre jusqu'à la saison nouvelle. Depuis quelques années ce *Bananier* fait le principal ornement des jardins publics de la Ville de Paris. En Algérie, le *Musa Ensete* réussit sur le littoral, dans la région de l'Oranger, mais il faut qu'il soit placé à l'abri des grands vents.

— ornata. 2 50

Espèce ornementale.

— Paradisiaca. *Bananier à gros fruits, B. du Paradis, Figuier d'Adam.* . . . . de 0 50 à 3 »

— rosacea, *Bananier à spathes roses* . . . . de 1 à 2 »

Espèce purement ornementale, de petite dimension, à feuilles d'un beau vert. Le régime est dressé, et porte des spathes d'un rose violacé. Ce *Bananier* est très-employé à Paris pour former les massifs dans les jardins publics.

— sapientum, *Bananier à petits fruits, B. des sages.* de 0 50 à 3 »

C'est l'espèce la plus généralement cultivée pour la qualité de ses fruits.

— Sinensis (Musa Cavendishii) *Bananier nain de la Chine.* de 1 à 5 »

Ce *Bananier* est assez rustique ; on l'emploie fréquemment pour former, sur les pelouses, des groupes ou des massifs.

— superba . . . . de 20 à 50 »

Plante ayant quelque analogie avec le Musa Ensete.

— Troglodytarum. 2 50

Espèce ornementale.

— vittata, *Bananier à feuilles rayées de blanc.* . . de 25 à 40 »

fr. c.

Musa zebrina, *Bananier à feuilles zébrées*. . . . . . .de 2 à 3 »

Espèce ornementale à feuilles maculées de noir, lorsque la plante est jeune.

Muscari. *Voir* Plantes bulbeuses, *page* 113.

Myoporum parvifolium. . . . . 0 75 et 1 »

Petit arbuste rampant avec lequel on peut former des bordures ou garnir des talus, dans les jardins de l'Algérie et des parties chaudes du midi de la France.

— tuberculatum. . . . . de 1 à 2 »

Myrcia pimentoïdes, *Eugenia acris*, *Myrtus Pimenta* . de 4 à 8 »

Myrospermum Pereira. . . . . de 3 à 4 »

Myrtus Pimenta. *Voir* Myrcia.

Myrsine Africana. . . . . de 0 75 à 1 50

Narcissus, *Narcisse*. *Voir* Plantes bulbeuses, *page* 113.

Nard. *Voir* Vég. à essence odoriférante (Vétiver Citronnelle), *page* 141.

Naudina domestica . . . . de 1 à 2 »

Nèfle du Japon. *Voir* Fruits exotiques, *page* 137.

Néflier commun. *Voir* Arbres fruitiers, *page* 124.

— du Japon. *Voir* Arbres fruitiers (Eriobotrya), *page* 132.

Negundo (Acer) fraxinifolium, *Erable à feuilles de Frêne*. de 0 75 à 1 25

Nelumbium luteum. 1 50

— speciosum. 1 50

— — rubrum flore pleno . . . . 4 »

Plantes aquatiques.

Nerium, *Nérion*, *Laurier-rose*.

Cultivé en pleine terre. 0 50 et » 75

— *en pot*. . . . . de 1 à 2 »

— Oleander, *N. lauriforme*, *Laurier-rose à fleurs simples*, *Laurier-rose d'Afrique*.

— — album niveum.

Fleurs blanches et simples.

— — album plenum.

Fleurs demi-doubles, avec des stries roses à l'extrémité des corolles.

— — carneum.

Fleurs pleines, roses, plus pâles au centre.

— — elegans.

Fleurs roses, simples; stries rosées au centre; limbe de la corolle jaune à l'intérieur et à l'extérieur.

— — flore roseo pleno. .

Fleurs pleines, rose foncé.

— — formosum.

Fleurs simples, rose vif; le centre de la corolle est strié.

— — grandiflorum novum.

Fleurs semi-pleines, avec trois corolles emboîtées l'une dans l'autre; une strie blanche au milieu de chaque pétale.

— — Grangeanum

Fleurs simples, blanc jaunâtre; tube de la corolle jaune; stries rouges sur les parties frangées de la corolle.

fr. c.

Nerium oleander Grisard de Saulget.
— — Mabirii.

Fleurs de moyenne grandeur, simples, roses; stries rouges sur les parties frangées du centre de la corolle.

— — Maréchal Randon.
— — roseum.

Fleurs grandes, simples; stries rouges sur les parties frangées et ciliées de la corolle.

— — rubrum plenum.

Fleurs presque pleines, à pétioles arrondis, mucronés, avec des stries blanches.

— — Sinense.

Fleurs grandes, pleines, rose foncé. Variété vigoureuse.

— — splendidissimum.

Fleurs simples, rose pâle; le bord des pétales est rouge à l'extérieur.

— — striatum.

Fleurs simples, blanches; le centre de la corolle est strié de rose de même que ses parties frangées.

— — violæ odorum.

Fleurs grandes, simples, rose vif; stries au centre de la corolle. Les boutons sont très-rouges avant leur épanouissement.

Nesæa (Heimia) myrtifolia . . . . » 40
— salicifolia. . . . . » 40
Nidularium. *Voir* Broméliacées, *page* 77.
Noisetier. *Voir* Arbres fruitiers, *page* 124.
Nopal, Nopalier, *Opuntia.* — *Voir* Plants pour haies, *page* 84, Plantes grasses, *page* 99, et Végétaux économiques, *page* 140.
Noronhia (Olea) emarginata . . . . de 2 à 4 »
Noyer noir, *Juglans nigra* . . . . de 0 75 à 1 »
— — ordinaire. *Voir* Arbres fruitiers, *page* 124.
Nycterium (Solanum) Amazonicum . . . . » 60

Joli petit arbuste qui se couvre de fleurs bleues pendant une partie de l'année.

Nymphæa alba, *Nénuphar blanc* . . . . 1 »
Œnothera. *Voir* Plantes herbacées vivaces, *page* 107.
Olea (Noronhia) emarginata . . . . de 2 à 4 »
— Europæa, *Olivier cultivé.* *Voir* Arbres fruitiers, *page* 132.
Olivier. *Voir* Arbres fruitiers, *page* 132, et (Elæagnus) *page* 30.
Onagre. *Voir* Plantes herbacées vivaces (Œnothera), *page* 107.
Ophiopogon. *Voir* Plantes pour bordures, *page* 116.
Opuntia, *Nopal.* *Voir* Plantes grasses, *page* 99, Plantes pour haies, *page* 84, et Végétaux économiques, *page* 140.
Oranger. *Voir* Arbres fruitiers, *page* 130, et Plantes pour haies, *page* 84.
Oreodoxa regia. *Voir* Palmiers, *page* 74.
Oreopanax dactilyfolium . . . . de 5 à 10 »
— nymphæfolium . . . . de 5 à 10 »
peltatum . . . . de 3 à 5 »

fr. c.

Origanum. *Voir* Plantes officinales, *page* 141.
Orme. *Voir* Ulmus, *page* 68.
Ornithogalum. *Voir* Plantes bulbeuses, *page* 113.
Orpin. *Voir* Plantes pour bordures (Sedum), *page* 116.
Ortie de Chine. *Voir* Bœhmeria, *page* 23.
Oseille. *Voir* Plantes vivaces potagères, *page* 137, et Plantes officinales (Rumex), *page* 141.
Osmanthus Fortunei (ilicifolius). . . . . de 1 à 1 50
Osteospermum pisiferum . . . . 1 »
Oxalis. *Voir* Plantes bulbeuses, *page* 113, *et* Plantes herbacées vivaces, *page* 107.
Oxera pulchella . . . . de 5 à 10 »

Plante grimpante.

Pachystachys coccinea. . . . . de 2 à 4 »
Pæderia fœtida . . . . 1 »

Plante grimpante.

Pæonia Moutan, flore pleno. *Pivoine en arbre* . . . de 1 à 3 »
Paliurus aculeatus. *Paliure épineux*, *Argalou*.
Plants pour haies . . . . . *Le cent*, 3 »
Palmiers. *Voir page* 72.
Palmiste rouge. *Voir* Palmiers (Areca rubra), *page* 72.
Pampelmousse. *Voir* Arbres fruitiers (Citrus Decumana), *page* 131.
Panax aculeatum . . . . 1 »
— Lessonii (Cussonia). . . . . 3 »
— pentadactylon. . . . . de 1 50 à 2 »
Pancratium. *Voir* Plantes bulbeuses, *page* 114.

fr. c.
Pandanus albispinus de 15 à 25 »
— cuspidatus. de 15 à 25 »
— furcatus . . . de 5 à 10 »
— inermis . . . de 3 à 5 »
— Javanicus, fol. var. de 5 à 10 »
— Munda (glaucescens. (A. Riv.) Nouvelle-Calédonie. de 12 à 30 »
— utilis. *Depuis* 2 fr. *jusqu'à* . . . . . . 500 »
Jeunes sujets bien garnis de feuilles, de 0^{m},30 à 0^{m},40 de haut. . 3 »
Le cent. 285 »

Les feuilles du P. Munda, *Vieillard P. glaucescens* (A. Riv.). originaire de la Nouvelle-Calédonie, sont moins longues que celles de l'*utilis*; elles sont recouvertes d'une poussière glauque qui lui avait fait donner provisoirement le nom de *glaucescens*.

A Madagascar et à l'île Bourbon, d'où il est originaire, le *P. utilis* est connu sous le nom de *Vaquois*. Les feuilles, groupées en spirales sur trois rangées autour de la tige, sont engainantes, ensiformes, longues de 1 à 2 mètres, larges de 5 à 10 centimètres et plus, et très-aiguës. Elles sont, en outre, armées sur leur bord et sur la partie dorsale, de petits aiguillons rouges. C'est une plante très-importante pour les Colonies, où ses feuilles, divisées en lanières, sont employées à faire des sacs pour l'emballage des sucres et des cafés. Dans nos cultures, lorsque la plante est jeune, ses nombreuses feuilles, légèrement flexueuses, la font rechercher pour l'ornementation des salons.

Pandorea (Tecoma. — Bignonia) jasminoïdes . . . . 1 »

Plante grimpante.

	fr. c.
Panicum plicatum	» 50

Plante vivace aquatique.

Papayer. *Voir* Arbres fruitiers (Carica), *page* 129.
Papyrus. *Voir* Plantes aquatiques (Cyperus), *page* 108.

Paratropia rotundifolia	1 à 2 »
— subobtusa	2 »
— terebenthinacea. . . . . de	1 à 2 »
Parkinsonia aculeata	1 50

Passe-rage. *Voir* Plantes officinales (Lepidium), *page* 140.
Passiflora, *Fleur de la Passion* . . . . de 0,75 à 1 50
Voir aussi Végétaux grimpants, *page* 92.
Patate. *Voir* Tubercules alimentaires, *page* 138, *et* Plantes vivaces potagères, *page* 137.
Patchouli, *Pogostemon Patchouli* . . . . .0,50 et » 75
Paulownia imperialis. *Voir* Arbres forestiers, *page* 83.
Pavetta Australis . . . .

Ce *Pavetta* est un arbrisseau de petite taille, très-touffu, se couvrant en été de nombreuses panicules de fleurs blanches, et formant alors une très-jolie plante.

— gracilis. . . . . de	1 à 2 »
— ovata . . . . de	1 à 2 »
— rotundifolia . . . . de	1 à 2 »
Pavonia cuneifolia	» 50
— hastata.	» 50
— spinifex	» 50

Pêcher. *Voir* Arbres fruitiers, *page* 124.
Pedilanthus. *Voir* Plantes grasses, *page* 101.
Pelargonium (Geranium).
— diadematum. — *Section dite de fantaisie* . . . de 0 75 à 1 25
— grandiflorum. — *Section des variétés à grandes fleurs* de 0 50 à 1 »

Les P. *grandiflorum* et *diadematum* ont fourni un très-grand nombre de variétés toutes plus jolies les unes que les autres. En Algérie, ces plantes se développent avec une extrême rapidité ; elles atteignent, pour la plupart, près de 1 mètre de hauteur, et se couvrent abondamment de fleurs d'un éclatant coloris que les regards ont peine à supporter longtemps.

L'Etablissement est à même de délivrer une collection de ces plantes.

— zonale-inquinans . . . . 0 25 et » 50

Les deux espèces *zonale* et *inquinans* ont produit, par la culture, toute une série d'hybrides dont les variétés sont devenues fort nombreuses. Nous donnons ici le nom de quelques-unes d'entre elles.

VARIÉTÉS A FLEURS SIMPLES.

Adam Kock ;
Fleur écarlate, vermillon feu.

A fleurs tricolores ;
Rubané rose, vert et saumon.

Anna Pfitzer ;
Ponceau vif.

Arlequin ;
Saumon vif, strié blanc.

Auriol ;
Rouge sang.

Beauté de Suresnes ;
Rose vif, maculé blanc.

Blanche d'Eshougues ;
Saumon clair, centre blanc.

Boule de neige ;
Blanc.

Bouquet de Livry ;
Pourpre lilacé.

Buisson ardent ;
Ecarlate, pourpre cramoisi.

Cerise unique (*bois strié*) ;
Rouge ponceau et cerise.

Chevandier de Valdrôme ;
Amarante violacé et cramoisi.

Christine ;
Rose vif.

Clémence ;
Rose saumon ligné blanc.

Comte de Taverna ;
Saumon orangé, maculé blanc.

Coquet ;
Saumon vif, centre blanc.

Coquette ;
Saumon clair, strié blanc.

Cyclope ;
Sang foncé.

Delahaye ;
Rouge violacé carmin.

Docteur Karl Koch ;
Ecarlate cinabre, centre blanc.

Douaisien ;
Vermillon amarante.

Gloire de Corbeny ;
Saumon vif, bordé blanc.

Henri Lierval ;
Rouge brillant.

Hermann Scheurer ;
Garance clair teinté saumon.

Imperator ;
Orange écralate.

J. Hans ;
Rose cerise feu cramoisi.

J. B. Strub ;
Ecarlate brillant.

Le Duc de Suez ;
Le Vésuve ;
Madame Cassier ;
Rose vif, centre blanc.

Madame Durenne ;
Rose vif, supérieur à Mlle Nilsson.

— Duthoo-Bertrand ;
Carminé, maculé blanc.

— E. Leuret ;
Blanc lavé de rose, centre carmin.

— Henderson ;
Orangé maculé blanc.

— Jules Smith ;
Ecarlate, pointé blanc.

— Mézard ;
Rouge amarante, œil blanc.

— Poizeau ;
Cerise carminé.

— Sisley ;
Blanc, bordé saumon.

— Vaucher ;
Blanc.

Mademoiselle Delaire ;
Saumon lavé de blanc.

— Nilsson ;
Rose lilacé, centre blanc.

Monsieur Barre ;
Rose groseille.

— Ch. Huber ;
Rouge cerise, centre blanc.

— Henderson ;
Rouge et rose.

— Hugh Low ;
Saumon orange et carné.

— Koelle ;
Cerise éclairé feu.

— Meurillon ;
Carmin et rose saumoné.

— Thomas ;
Vermillon.

— Zaubitz ;
Saumon foncé ; centre blanc et viol[illegible]é

Napoléon III ;
Vermillon cerise.

Nosegay carmin ;
Beau carmin.

Panthéon ;
Cramoisi foncé.

Peabody ;
Amarante foncé.

Pinck Pearl;
Rouge laque.

Princesse de Trébizonde;
Chair saumonée.

Reine Blanche;
Blanc de cire et rose vif.

Sir Harry Hower;
Vermillon feu.

Stella (Nosegay);
Rouge ponceau.

Thé Baron;
Cramoisi, ombré violet.

Tom Pouce;
Rouge foncé.

Vercingétorix;
Rouge feu.

Wilhem Scheurer;
Rouge cramoisi et feu.

Zonale (*type*);
Violet.

Zonale;
A fleurs blanches.

VARIÉTÉS A FLEURS DOUBLES.

Baron V. Yugenfeld.
Camelliæflorum.
Docteur A. Sicard.
— Neubert.
Floribunda.
Froufrou.
Goliath.
Jean Kayser.
Jeanne de St-Maur.
Louise Thibaut.
Lumineux.
Madame Boudet.
— Boutard.
— Durand.
— Gebhart.
— Joret des Closières.
— Rose Charmeux (Fixé de *Tom Pouce*).
Madame Rudolf Abel.
Mademoiselle Lily.
Marie Lemoine.
Monsieur de St-Paul.
— E. G. Henderson.
— H. Low (Aldebert).
Napoléon III.
Princess Teck.
Resplendissant.
Ruhm V. Russelheim.
Sceptre lorrain.
Scintillant.
Souvenir.
Stella.
Terre promise.
Triomphe de Lorraine.
William Rollisson.

VARIÉTÉS A FEUILLES PANACHÉES.

Flower of the day
Lady Plymouth.
Manglesii.
Mistress Pollock.

Pennisetum longistylum. *Voir* Plantes herbacées vivaces, *page* 107, *et* Plantes pour bordures, *page* 116.
Pentstemon. *Voir* Plantes herbacées vivaces, *page* 107.

	fr. c.
Peperomia	» 50

— argyreia.
— blanda.
— incana.
— magnoliæfolia.
— polystachya.
— pulchella.
— verticillata.

	fr. c.
Pereskia. *Voir* Plantes grasses, *page* 100.	
Periploca Græca.	» 50

Plante grimpante.

	fr. c.
Peristrophe speciosa, *Carmantine brillante*.	» 75
Persea Caroliniensis, *Laurus Borbonia*.	1 50
— gratissima, *Laurus Persea*, *Avocatier*. . . . . de 2 50 à	4 »
— — rubra. *Voir* Arbres fruitiers, *page* 133.	4 »
— Indica, *Laurier de l'Inde*, *L. de Madère* . . . . de 1 à	3 »
Persica vulgaris. *Voir* Arbres fruitiers (Pêcher), *page* 124.	
Persicaire. *Voir* Plantes herbacées vivaces (Polygonum), *page* 107.	
Pervenche. *Voir* Plantes officinales (Vinca), *page* 141.	
Petiveria alliacea.	1 »
Petræa volubilis	1 »

Plante grimpante.

	fr. c.
Peuplier. *Voir* Populus, *page* 53, *et* Arbres forestiers, *page* 81.	
Phædranthus Lindleyanus (Bignonia). . . . . . . de 2 à	3 »

Plante grimpante.

	fr. c.
Phalaris. *Voir* Plantes herbacées vivaces, *page* 107, *et* Plantes pour bordures, *page* 116.	
Phaseolus Caracalla, *Haricot Caracolle*. . . . . . de 1 à	2 »
Philadelphus coronarius, *Seringa*.	» 40
— grandiflorus.	» 40
— inodorus.	» 40
Philodendron. *Voir* Aroïdées, *page* 76.	
Phlomis. *Voir* Plantes herbacées vivaces, *page* 107.	
Phœnix. *Voir* Palmiers, *page* 74.	
Phormium tenax, *Lin de la Nouvelle-Zélande*. . . . . de 2 à	4 »

Plante anciennement connue, à feuilles distiques carénées, longues de 1 à 2 mètres et davantage, larges de 8 à 15 centimètres, d'un vert gai en dessus, et glaucescentes en dessous ; le côté et les bords sont rougeâtres.

	fr. c.
— Veitchii, *à feuilles panachées*. . . . . de 25 à	40 »
Phyllanthus grandifolius. . . . . de 1 à	2 »
Phyllocactus. *Voir* Plantes grasses, *page* 100.	
Physianthus. *Voir* Végétaux grimpants (Arauja), *page* 88.	
Physostegia. *Voir* Plantes herbacées vivaces, *page* 107.	
Phytolacca dioïca, *Bella sombra*. — Tige. . . . 0,75 et	1 »
Pigamon. *Voir* Plantes herbacées (Thalictrum), *page* 107.	
Pilocarpus pennatifolius. . . . . de 2 à	2 50
Pimprenelle. *Voir* Plantes vivaces potagères, *page* 137.	
Pinus, *Pin*. *Voir* Conifères, *page* 87.	

	fr. c.
Piper. *Poivrier*.	
— articulatum.	» 75
— flexuosum.	1 50
— geniculatum	1 50
— longum	1 50
— nigrum, *Poivrier noir du commerce* . . .	1 50
— plantagineum	1 50

	fr.	c.
Piscidia erythrina . . . . de 2 à	4	»
Légumineuse.		
Pisonia hirtella.	»	75
Pitcairnia furfuracea . . . . 0 75 et	1	»
— intermedia. 0 75 et	1	»
— latifolia . . . . 0 75 et	1	»
— undulata. de 0 75 à	1	50
Pithecoctenium muricatum, *Bignone hérissée*.	1	»

Pittosporum.

	fr.	c.
— Bidwilli . . . de 1 à	2	»
— coriaceum . . de 1 à	2	»
— ferrugineum . de 2 à	3	»
— ternifolium. . de 1 à	2	»
— Tobira (P. Chinense) de 1 à	2	»
— — variegata, *à feuilles panachées*. . . de 1 à	2	»
— undulalatum. de 1 à	2	»

	fr.	c.
Planera crenata, *Planère crénelée*. . . . . de 1 à	1	50
Plaqueminier du Japon. *Voir* Arbres fruitiers, *page* 125.		
Platanus Occidentalis, *Platane d'Occident*.	1	25
— Orientalis, *Pl. d'Orient*. . . . . 1 et	1	25
Plumbago Capensis, *Dentelaire du Cap*. . . . . . . 0 75 et	1	»
Plante grimpante.		
Sujets plus forts. . de 2 à	3	»
— juncea	»	60
— rosea	2	»
— — coccinea. de 2 à	3	»
— Zeylanica, *P. de Ceylan*	»	60
Plumeria bicolor, *Frangipanier à deux couleurs*.	2	»
Podocarpus latifolia . . . . de 0 75 à	1	50
— macrophylla . . . . de 0 75 à	1	50
— neriifolia. . . . . de 0 75 à	1	50
— spicata . . . . de 0 75 à	1	50
Poinciana Gillesii, *Poincillade de Gilles*.	»	75
— regia.	2	»
Poinsettia pulcherrima, *Poinsettie magnifique*.	1	»
Très-belle plante à involucre rouge éclatant, assez rustique sur le littoral algérien.		
— — flava, *P. à involucres jaunes*.	1	»
— sanguinea	1	»
Poire de terre. *Voir* Végétaux économiques, *page* 140.		
Poirier. *Voir* Arbres fruitiers, *page* 125.		
Pois vivace. *Voir* Plantes herbacées vivaces (Lathyrus), *page* 107, *et* Végétaux grimpants (Lathyrus), *page* 92.		
Poivrea coccinea (Combretum purpureum)	3	»
Plante grimpante		
Poivrier (Faux) *Voir* Arbres forestiers (Schinus molle), *page* 83.		
Polyanthes, *Tubéreuse*. *Voir* Plantes bulbeuses, *page* 114, *et* Végétaux à essence odoriférante, *page* 141.		
Polygala cordifolia.	»	75
— myrtifolia.	»	75

Les *Polygala* sont de charmants arbrisseaux que rendent très-décoratifs leurs fleurs papilionacées d'un beau rose violet, ils sont très-rustiques en Algérie.

fr. c.

Polygonum cuspidatum, *Persicaire*. *Voir* Plantes herbacées vivaces, *page* 107.
— platycodon (Muhlenbeckia, Coccoloba) . . . . de 0 75 à 1 50
Polymnia edulis, *Poire de terre*. *Voir* Végétaux économiques, *page* 140.
Pomaderris apetala. . . . . de 1 à 3 »
— rugosa. . . . , ... de 1 à 3 »
Pompelmouse, **Pompoléon**. *Voir* Arbres fruitiers, (Citrus Decumana), *page* 131.
Pommier. *Voir* Arbres fruitiers, *page* 126.
Pontederia cordata. . . . . » 50
Populus, *Peuplier*. *Voir aussi* Arbres forestiers, *page* 81.
Tige. . . 0 75 et 1 »
— alba, *Peuplier blanc*, *Grisard*.
— angulata, *P. de la Caroline*.
— Canadensis. *P. du Canada*.
— Græca, *P. d'Athènes*.
— molinifera (Virginiana), *P. de Virginie*, *P. suisse*.
— nigra, *P. noir*.
— — fastigiata (pyramidalis) *P. d'Italie*, *P. pyramidal*.
Porliera hygrometrica . . . . 2 »
Portea. *Voir* Broméliacées, *page* 77.
Poterium, *Pimprenelle*. *Voir* Plantes vivaces potagères, *page* 137.
Premna fœtida. . . . . 1 »
Prunus. *Voir* Arbres fruitiers (Prunier), *page* 127.
Psidium, *Goyavier*. *Voir aussi* Arbres fruitiers, *page* 133.
. . . . de 0 75 à 1 50

— aromaticum.
— — macrocarpum.
— Cattleyanum.
— Chinense.
— pyriferum

Psychotria undata. de 1 à 2 »
Pterospermum acerifolium. . . . . de 2 à 5 »
Punica, *Grenadier*.
— Granatum, *Gr. à fleurs simples rouges* . . 0,50 1 » et 2 »
Plants pour haies. — *Le cent*. 3 »
Voir aussi Arbres fruitiers, *page* 124.
— — albescens, *Gr. à fleurs simples blanches* . . 0 50 et » 60
— — dulce, *Gr. à fruits doux*. . . . . de 0 40 à » 75
— — flore pleno. *Gr. à fleurs pleines rouges* . . . 0 50 et » 75
— — Legrellei. . . . . 1 » 1 50 et 3 »

Le *Punica Legrellei* est un arbrisseau qui peut atteindre 2 ou 3 mètres de hauteur, et qui, durant une partie de l'année, se couvre, en Algérie, d'une multitude de jolies fleurs roses. C'est une très-belle variété de *Grenadier* à cultiver.

— — nanum, *Grenadier nain* . . . . de 0 30 à » 50
Plants pour bordure. — *Le cent*. 30 »

Le *Grenadier nain* est très-souvent employé à former de charmantes bordures que l'on peut, au besoin, tondre à la cisaille.

Pyrethrum. *Voir* Plantes herbacées vivaces (Chrysanthemum), *page* 103.

Pyrus. *Voir* Arbres fruitiers (Poiriers), *page* 125. fr. c.
Quisqualis Indica.. . . . . 1 »

Plante grimpante.

Raifort. *Voir* Plantes vivaces potagères, *page* 137.
Ramie. *Voir* Bœhmeria, *page* 23, *et* Végétaux économiques, *page* 139.
Ranunculus, *Renoncule*. *Voir* Plantes bulbeuses, *page* 114, *et* Plantes herbacées vivaces, *page* 107.

	fr. c.		fr. c.
Raphiolepis Indica . . .	1 »	— rubra	1 »
— ovata . . de 1 50 à	3 »	— salicifolia	1 »
— Pheostemon	3 »		

Rapolocarpus lucidus . . . . 2 »
— neriifolius. . . . . .de 2 à 5 »
Reineckia (Sanseviera) carnea variegata. . . . . » 60
Renoncule, *Ranunculus*. *Voir* Plantes bulbeuses, *page* 114, *et* Plantes herbacées vivaces, *page* 107.
Retama (Genista) monosperma . . . . 0 75 et 1 »
Rhamnus tinctorius, *Nerprun des teinturiers* . . . . » 60
— utilis, *Nerprun de Chine*. . . . . » 60
Rheedia lateriflora (Rh. Americana). . . . . de 5 à 10 »
Rhipidendron. *Voir* Plantes grasses, *page* 97.
Rhipsalis. *Voir* Plantes grasses, *page* 100.
Rhodea Japonica variegata. . . . . .de 2 à 4 »
Rhodorhiza florida. . . . . » 75
Rhopala Jonghii. . . . . de 5 à 10 »
Rhus Coriaria, *Sumac des corroyeurs*. . . . . » 50
— radicans . . . . 1 »

Plante grimpante. — Cette espèce est très-vénéneuse, même au simple contact des feuilles.

— succedanea 1 50
Rhynchospermum jasminoïdes . . . . de 1 à 2 »

Plante grimpante.

Richardia. *Voir*, Aroïdées, *page* 76, Plantes bulbeuses, *page* 114 *et* Plantes aquatiques, *page* 108.

	fr. c.		fr. c.
Rivina Brasiliensis . . .	» 60	— humilis	» 60
— canescens	» 60	— lævis	» 60

Robinia hispida, *Robinier rose* . . . . » 75
— Pseudo-Acacia, *Rob. blanc*, *Faux-Acacia*.
Tige. — *de* 0 75 à 1 25
— — hybrida. . . . . » 75
— — pyramidalis . . . . » 75
— — tortuosa . . . . » 75
— — umbraculifera, *Robinier-parasol*, *Acacia boule* . . . 1 »
— viscosa . . . . » 75
Rochea. *Voir* Plantes grasses, *page* 101.
Roezlia. *Voir* Plantes grasses, *page* 96.

	fr. c.
Rogiera macrophylla . . . . de 1 50 à	2 »
Rondeletia speciosa, *Rondeletie écarlate*.	1 »
Roseau. *Voir* Plantes bulbeuses (Arundo), *page* 109, et Pl. herbacées vivaces (Arundo), *page* 103.	
Rosier, Rosa.. . . . . *Le pied*, 0 50 et *En pot* 1 fr. *et au-dessus*.	» 75

Tous les Rosiers sont francs de pied, ou greffés à basse-tige sur Rosa Indica major.

Rosa Indica. — *Rosier Thé.*

Bougère.
Fleur pleine, rose hortensia.

Caroline.
Fleur moyenne, pleine, rose carné.

Comtesse de Brossard.
Fleur moyenne, pleine, jaune serin.

Devoniensis.
Fleur grande, pleine, blanc jaunâtre,

Le Pactole.
Fleur grande, pleine, blanc jaunâtre.

Leweson Gower.
Fleur très-grande, pleine, rose foncé.

Madame Bravy.
Fleur moyenne, pleine, blanche.

— Christine Meister.
Fleur moyenne, pleine, blanche, à centre orange feu.

— Falcot.
Fleur moyenne, pleine, jaune.

— Joseph Halphen.
Fleur moyenne, pleine, rose tendre.

— Maurin.
Fleur grande, pleine, blanc jaunâtre saumoné.

Maréchal Bugeaud.
Fleur grande, pleine, rose foncé lilacé.

— Niel.
Fleur grande, pleine, belle, jaune foncé.

Mélanie Oger.
Fleur moyenne, pleine, blanche, à centre jaune.

Safrano.
Fleur grande, presque pleine, rouge abricoté.

Sombreuil,
Fleur grande, pleine, blanc saumoné.

Souvenir de Mlle Jenny Pernet.

Fleur grande, pleine, blanc carné saumoné.

Rosa Indica Benghalensis. — *Rosier du Bengale.*

Archiduc Charles.

Fleur grande, pleine rose, passant au carmin.

Beau carmin du Luxembourg,

Fleur moyenne, pleine, carmin brillant.

Couronne des pourpres.

Fleur moyenne ou grande, pourpre.

Cramoisi supérieur.

Fleur moyenne, pleine, cramoisi brillant.

Eugène Beauharnais.

Fleur moyenne, pleine, pourpre foncé.

Louis Philippe.

Fleur moyenne, pleine, pourpre foncé.

Major (Rosa Indica).

Fleur grande, presque pleine, rosé strié.

Cette plante est également connue sous le nom de *Bengale mousseline.*

Ordinaire.

Fleur grande, presque pleine, rose lilacé.

Pourpre.

Fleur moyenne, pleine, pourpre foncé.

Prince Eugène.

Fleur moyenne, pleine, pourpre cramoisi.

Rosa Indica Benghalensis pumila *ou* Lawrenceana.

Rosier du Bengale nain, Pompon de Paris ou de miss Lawrence.

La Gloire des Lawrenceana.

Fleur petite, pleine, rose vif.

Pompon de Paris *ou* Pompon Bengale.

Fleur petite, pleine, rose.

Rosa Noisettiania. — *Rosier de Noisette.*

1°. — *Variétés à longs rameaux.*

Aimé Vibert.

Fleur moyenne, pleine, blanc pur.

Céline Forestier.

Fleur moyenne, pleine, jaune citron.

Isabelle Gray.

Fleur moyenne, pleine, globuleuse, jaune d'or.

Jacques Amyot.

Fleur moyenne, pleine, rose lilacé.

Ophirie.

Fleur grande, pleine, chamois foncé cuivré.

Ordinaire.

Fleur petite, pleine, rose carné.

2°. — *Variétés à rameaux courts.*

(Elles forment de petits buissons et peuvent être employées en bordures).

La Victorieuse.

Fleur petite, pleine, rose lilacé.

Pumila alba.

Fleur petite, très-pleine, blanc pur.

3°. — *Variétés hybrides de Noisette.*

Lady Emily Peel.

Fleur moyenne, pleine, blanc liseré de carmin.

Louise Darzens.

Fleur moyenne, pleine, blanc chamois.

Madame Alfred de Rougemont.

Fleur grande, pleine, blanc rosé.

Prudence Rœser.

Fleur moyenne, presque pleine, rose clair lilacé.

Rosa Borbonica. — *Rosier de Bourbon.*

Appoline.

Fleur grande, pleine, rose tendre.

Blanche Laffitte.

Fleur moyenne, pleine, blanc carné.

Catherine Guillot.

Fleur grande ou moyenne, pleine, bien faite, rose vif.

Edouard Desfossés.

Fleur moyenne, pleine, rose brillant.

Gloire de Dijon.

Fleur très-grande, très-pleine, jaunâtre saumoné, ou blanc rosé.

Hermosa.

Fleur moyenne, pleine, rose tendre.

Impératrice Eugénie.

Fleur grande, pleine, rose tendre carné.

Joseph Gourdon.

Fleur moyenne, pleine, rouge carné.

Jupiter.

Fleur rouge très-foncé.

La Reine de l'Ile Bourbon.

Fleur moyenne, pleine, carnée

Louise Odier.

Fleur grande, pleine, rose vif.

Marquise de Balbiano.

Fleur grande, pleine, rose carminé.

Michel Bonnet.

Fleur moyenne, pleine, beau rose vif.

Mistress Bosanquet.

Fleur moyenne, pleine, blanc carné.

Paxton.

Fleur grande, pleine, rose carminé.

Souvenir de la Malmaison.

Fleur très-grande, pleine, blanc carné. Très-belle plante.

Thérésita.

Fleur moyenne pleine, rose très-frais.

Variétés hybrides du R. Bourbon. (Remontantes.)

Colonel Foissy.

Fleur moyenne, pleine, rose vif.

Léonie Verger.

Fleur moyenne, beau rose vif.

Ludovic Létaud.

Fleur moyenne, rose carné.

Toujours fleurie.

Fleur moyenne, pleine, rouge violacé vif.

Triomphe d'Angers.

Fleur grande, pleine, pourpre velouté.

ROSA HYBRIDA. — *Rosier hybdride.*

(Hybrides remontants.)

Adam Paul.
Fleur grande, pleine, très-odorante, rose tendre.

Alexandre Dumas.
Fleur moyenne, pleine, cramoisi velouté, strié ponceau.

Alexandrine Bachmeteff.
Fleur grande, pleine, rouge brillant.

Alfred de Rougemont.
Fleur grande, pleine, pourpre cramoisi nuancé feu.

Anna Alexieff.
Fleur grande, pleine, rose jaunâtre.

Ardoisée de Lyon.
Fleur moyenne, pleine, rouge vif.

Baronne Prévost.
Fleur très-grande, pleine, rose.

Cardinal Patrizzy.
Fleur moyenne, rouge poupre.

Caroline de Sansal.
Fleur grande, pleine, carnée.

Charlemagne.
Fleur grande, pleine, globuleuse, rouge cerise.

Charles Lefèvre.
Fleur grande, pleine, beau rouge vif.

Comte de Cavour.
Fleur moyenne, pleine, pourpre velouté.

Comtesse Cécile de Chabrillant.
Fleur moyenne, pleine, rose.

Duc de Rohan.
Fleur grande, pleine, rouge vif nuancé de vermillon et de ponceau.

Elisabeth Vigneron.
Fleur grande, pleine, beau rouge vif.

Ernest Bergmann.
Fleur grande, rose vif.

François Ier.
Fleur grande, pleine, rouge cerise brillant.

Géant des Batailles,
Fleur grande, pleine, pourpre violacé.

Général Forey.
Fleur grande, pleine, rouge violacé terne.

Général Jacqueminot.
Fleur grande, presque pleine, rouge vif.

— Washington.
Fleur grande, pleine, bien faite, rouge vif.

Génie de Châteaubriand.
Fleur grande, pleine, rouge vif violacé.

Georges Simon.
Fleur grande, pleine, globuleuse, rouge vif brillant.

Jacques Laffitte.
Fleur grande, pleine, rose carminé.

Jean Bart.
Fleur grande, pleine, rouge violet velouté.

Jean Goujon.
Fleur grande, pleine, bien faite, rouge clair.

Jules Margottin.
Fleur grande, pleine, rouge cerise carminé.

L'Enfant du Mont-Carmel.
Fleur grande, pleine, pourpre foncé.

Lion des combats.
Fleur grande, pleine, cramoisi foncé.

Lord Raglan.
Fleur grande, pleine, rouge vif carminé.

Louis XIV.
Fleur moyenne, pleine, rouge cramoisi velouté.

Louise Perronny.
Fleur très-grande, pleine, rose foncé.

Madame Alice Dureau.
Fleur grande, pleine, rose clair.

— Boll.
Fleur grande, pleine, beau rose vif foncé.

— Boutin.
Fleur grande, pleine, beau rose vif.

Madame Cécile Touvais.
Fleur grande, pleine, forme de Pavot, rose ponceau.

— Domage.
Fleur très-grande, presque pleine, rose ombré.

— Laffay.
Fleur grande, pleine, forme parfaite, cramoisi brillant.

— Rivers.
Fleur grande, pleine, rose pâle.

Maréchal Forey (*Margottin*).
Fleur très-grande, très-pleine, rouge cramoisi velouté.

— Vaillant.
Fleur grande, rouge, presque vif.

Marquise de Boccella.
Fleur grande, pleine, carnée.

Maurice Bernardin.
Fleur grande, pleine, rouge vermillon.

Mexico.
Fleur grande, pleine, pourpre velouté violet.

Mistress Elliott.
Fleur grande, pleine, rose lilacé.

Monsieur de Montigny.
Fleur grande, pleine, rose carminé.

Pæonia.
Fleur grande, pleine, rouge cramoisi.

Palais de cristal.
Fleur grande, pleine, carnée.

Panachée d'Orléans.
Fleur moyenne, carnée, panachée de rose.

Pauline Lansezeur.
Fleur moyenne, pleine, cramoisi brillant.

Pie IX.
Fleur grande, pleine, pourpre violet.

Président Lincoln.
Fleur grande, pleine, rouge cerise.

Prince noir.
Fleur moyenne, presque pleine, pourpre très-foncé.

Queen Victoria.
Fleur moyenne, pleine, blanc carné.

Reine des violettes.
Fleur grande, pleine, violet pourpre.

Rose de la Reine.
Fleur très-grande, pleine, rose lilacé. — Très-belle variété.

Sénateur Vaïsse.
Fleur grande, pleine, rouge foncé éclatant.

Sidonie.
Fleur grande, pleine, rose.

Souvenir de la Reine d'Angleterre.
Fleur très-grande, presque pleine, rose vif.

— de Leweson Gower.
Fleur grande, pleine, rouge foncé.

Stéphanie Beauharnais.
Fleur moyenne, pleine, rose.

Triomphe des beaux-arts.
Fleur moyenne, pleine, cramoisi velouté.

— de l'Exposition.
Fleur grande, pleine, pourpre cramoisi.

Vicomte Vigier.
Fleur grande, pleine, rouge amarante vif.

Victor Verdier.
Fleur grande, pleine, rose carmin vif.

Vulcain.

Fleur moyenne.

Rosa Portlandica. — *Rosier de Portland*, dit *perpétuel.*

Rose du Roi.

Fleur moyenne, pleine, rouge vif.

Cœlina Dubos, *Rose du roi à fleurs blanches.*

Fleur moyenne, pleine.

Rosa centifolia muscosa. — *Rosier à cent-feuilles, moussu.*

Impératrice Eugénie.

Fleur moyenne, pleine, beau rose vif.

Madame Edouard Ory.

Fleur moyenne, pleine, rose vif carminé.

— Emile de Girardin.

Fleur moyenne, pleine, beau rose.

Salet.

Fleur grande, pleine, rose vif.

Rosa sempervirens. — *Rosier toujours vert.*

(*Rameaux sarmenteux, grimpants.*)

Félicité Perpétue.

Fleur moyenne, pleine, blanc légèrement carné.

Rosa multiflora. — *Rosier multiflore.*

(*Rameaux sarmenteux, grimpants.*)

De la Grifferaie.

Fleur grande, presque pleine, pourpre carminé strié.

Laure Davoust.

Fleur petite, pleine, blanc carné vif.

Tricolore.

Fleur moyenne, pleine, rose, liseré blanc.

fr. c.

ROSA RUBIFOLIA. — *Rosier à feuilles de Ronce.*

(Rameaux sarmenteux, grimpants.)

Beauté des prairies.
Fleur moyenne, pleine, rose violacé.

Belle de Baltimore.
Fleur moyenne ou petite, blanc légèrement carné.

Rosmarinus, *Romarin*. *Voir* Plantes officinales, *page* 141, *et* Plantes pour bordures, *page* 116.
Royena lucida. . . . . de 1 à 2 »
Rubus fruticosus, *Ronce commune*. . . . . » 25
Plante grimpante.

Rue. *Voir* Plantes officinales (Ruta), *page* 141.
Ruellia Sabiniana. . . . . » 60
— varians, *Eranthemum nervosum*. . . . . » 60
Rumex Acetosa, *Oseille vierge*. *Voir* Plantes potagères, *page* 137.
— Lunaria . . . . » 50
— sanguineus. *Voir* Plantes officinales, *page* 141.
Russelia juncea . . . . 0 75 et 1 »

Charmant arbuste à tiges nombreuses, grêles et flexueuses, presque dépourvues de feuilles. Il porte une grande quantité de fleurs tubuleuses, d'un rouge coccinė, et qui se développent à l'extrémité des rameaux. Le *Russelia juncea* se plait au soleil, dans une terre fraiche, sur le littoral algérien et dans les parties chaudes du midi de la France.

Ruta, *Rue*. *Voir* Plantes officinales, *page* 141.
Sabal. *Voir* Palmiers, *page* 75.
Saccharum officinarum, *Canne à sucre*, *Voir* Végétaux économiques, *page* 140.
Safran. *Voir* Plantes bulbeuses (Crocus), *page* 110.
Salix, *Saule*.
— Babylonica, *Saule pleureur*. . . . . 0 75 et 1 »
— Capræa, *Saule Marceau*. . . . . » 30
— Lambertiana . . . . » 25
— purpurea, *Osier rouge*. . . . . » 25
Salsepareille. *Voir* Smilax, *page* 65.
Salvia, *Sauge*.

	fr. c.
— bicolor (bleue et blanche)	» 40
— cacaliæfolia	» 25
— Canariensis.	» 25
— coccinea.	» 25
— eriocalyx.	» 25
— Grahami.	» 25
— ianthina	» 25
— lantanæfolia. . . .	» 25
— Mexicana.	» 25
— officinalis	» 15
— polystachya.	» 25
— Regla.	» 30
— splendens	» 30

fr. c.

Sambucus nigra *Sureau noir* . . . . » 40
—. — laciniata . . . . » 40
Sanchezia nobilis. . . . . de 1 50 à 3 »
— spectabilis . . . . de 1 50 à 3 »
Sang-dragon. *Voir* Plantes officinales (Rumex), *page* 141.
Sanseviera carnea variegata (Reineckia). . . . . » 60
— cylindrica. . . . . de 2 à 3 »
— thyrsiflora. . . . . de 2 à 3 »
Santolina. *Voir* Plantes pour bordures, *page* 116.
Sapindus. *Voir aussi* Arbres forestiers, *page* 83.
Tige. — de 0 75 à 1 25

— cinereus.
— emarginatus.
— Indicus.
— Saponaria.
— Senegalensis.

Saponaria. *Voir* Plantes officinales, *page* 141.
Sapote, Sapotillier. *Voir* Arbres fruitiers (Achras) *page* 129.
Sauge. *Voir* Plantes officinales (Salvia), *page* 141.
Saule. *Voir* Salix, *page* 63.
Saxifraga. *Voir* Plantes herbacées vivaces, *page* 107, et Pl. pour bordures, *page* 116.
Scævola Kœnigii . . . . de 1 à 2 »
Schaueria (Justicia) calicothrica . . . . » 75
— — macrophylla. . . . . » 75
Schinus molle, *Faux-Poivrier* . . . . de 0 75 à 4 »
Voir aussi Arbres forestiers, *page* 83.
— terebenthifolius. . . . . de 1 à 2 »
Schottia latifolia. . . . . 1 »
— speciosa. . . . . 2 »
Schubertia. *Voir* Taxodium, *page* 67, *et* Conifères, *page* 87.
Scilla, *Scille*. *Voir* Plantes bulbeuses, *page* 114.
Scindapsus. *Voir aussi* Aroïdées, *page* 77.
— giganteus. . . . . 2 »
— pertusus (Philodendron). . . . . de 5 à 10 »
Sechium edule, *Chayotte*. *Voir* Plantes vivaces potagères, *page* 137, *et* Végétaux grimpants, *page* 94.
Sedum. *Voir* Plantes grasses, *page* 101, *et* Plantes pour bordures, *page* 116.
Seguiera Americana. » 75
Sempervivum, *Joubarbe*. *Voir* Plantes grasses, *page* 101.

	fr. c.		fr. c.
Senecio acerifolius. . . .	0 50	— maritimus, *Cinéraire maritime*.	» 15
— Ghiesbreghtii. . . .	2 »	— Petasites (Cineraria).	» 50

Sida (Abutilon). . . . . » 50

— arborea.
— Brasiliensis.
— mollissima.
— retusa.
— spicata.

	fr. c.
Sideroxylon atrovirens.	2 »
Sipanea carnea. . . . . 0 75 et	1 »
— — alba . . . . 1 » et	1 25
Siphocampylus bicolor.	» 25
Smilax Salsaparilla, *Salsepareille officinale*.	1 »
Solandra grandiflora.	1 »
— hirsuta	1 »
Solanum (Nycterium) Amazonicum	» 50
— jasminoïdes . . . . Plante grimpante.	» 75
— — foliis variegatis (*feuilles panachées*). . . . . *Voir aussi* Végétaux grimpants, *page* 94.	1 »
— Japonicum.	» 75
— robustum	» 75
Soleil. *Voir* Plantes herbacées vivaces (Helianthus), *page* 107.	
Sollya heterophylla, *Billardiera fusiformis* . . . . Plante grimpante.	1 »
Sophora Japonica, *Styphnolobium Japonicum* . *Tige*. — 1 et Arbre forestier.	1 25
— — pendula. . . . . de 1 25 à	1 75
— Fraseri.	3 »
— littoralis.	» 75
— secundiflora . . . . de 2 à	3 »
Sorbus Americana, *Sorbier d'Amérique*.	» 75
— Aucuparia, *Sorbier des oiseleurs*	» 75
Souchet. *Voir* Plantes aquatiques (Cyperus), *page* 103.	
Sparaxis. *Voir* Plantes bulbeuses, *page* 114.	
Sparmannia Africana . . . . de 0 50 à	1 »
Spartium junceum (Genista juncea), *Genêt d'Espagne*. . . .	» 50
Sphæralcea nutans.	» 60
— umbellata (Malva).	» 60
Sphærostemma propinquum. Plante grimpante.	

	fr. c.		fr. c.
Spiræa chamædrifolia. .	» 40	— Reewesiana, flore pleno.	» 40
— lanceolata.	» 40	— Ulmaria . . . . . . Herbacée vivace.	» 25
— Lindleyana.	» 40		

Stapelia. *Voir* Plantes grasses, *page* 97.	
Statice macrophylla.	» 60
— monopetala.	» 60
Cultivé en pleine terre.	» 25
Stemonacanthus macrophyllus	» 60
— salviæfolius.	» 60
Stenolobium molle (Tecoma. — Bignonia). . . . . 0 75 et	1 »
— stans (id. id.) . . . . 0 75 et	1 »
Stenotaphrum. *Voir* Plantes pour bordures, *page* 116.	1 25
Stephanotis floribunda. Plante grimpante.	

	fr. c.		fr. c.
Sterculia fœtida, de 5 à 10 »		— platanifolia.	
— heterophylla, de 2 à 4 »		*Tige.* » 75 et 1 »	
— nobilis. . . de 4 à 20 »			

Sternbergia. *Voir* Plantes bulbeuses, *page* 114.
Stigmaphyllon ciliatum, *Banisteria ciliata*. . . . . 1 »

Plante grimpante.

Stillingia sebifera. *Voir* Végétaux économiques (Arbre à suif), *page* 139 *et* Arbres forestiers (Croton), *page* 82.
Strelitzia augusta. *Sujets de* 0m 40 *à* 0m 50 (*4 à 6 feuilles*) . 3 25
— *plus forts*. . . . . de 6 à 40 »

Plante rustique, à feuilles larges, entières, coriaces, d'un très-beau vert. Elle apporterait un fort appoint à l'ornementation des appartements, et nous avons toujours eu lieu de nous en féliciter pour cet usage. Dans les conditions de climat identiques à celles de l'Algérie, elle peut être cultivée en pleine terre, et elle y fleurit abondamment. Sous le climat de Paris, on la place dans la serre tempérée.

— reginæ. . . . . *Sujets de* 0m 30. . . . . 4 »
— *plus forts* . . . . de 6 à 12 »
— — macrophylla. *Sujets de* 0m 30. . . . . 4 »
— *plus forts* . . . . de 6 à 12 »
— — multiflora.. . *Sujets de* 0m 30. . . . . 4 »
— *plus forts* . . . . de 6 à 12 »
— — ovata. . . . *Sujets de* 0m 30. . . . . 4 »
— *plus forts* . . . . de 6 à 12 »
— — spathulata. . *Sujets de* 0m 30. . . . . 4 »
— *plus forts*. . . . . de 6 à 12 »
Strobilanthes scabra. » 75
Strophanthus aurantiacus. . . . . 2 »
Styphnolobium Japonicum (Sophora) . . . . *Tige*.— 1 et 1 25
— — pendulum. 1 25 à 1 75
Sumac. *Voir* Rhus, *page* 54.
Swietenia Senegalensis, *Acajou du Sénégal*. . . . . .de 5 à 10 »
Symphoricarpos Mexicanus, *Symphorine du Mexique* . . . » 40
— parviflorus, (S. vulgaris) . . . . » 40
Symphytum, *Consoude*. *Voir* Plantes officinales, *page* 141.
Syngonium auritum. 2 »
Syringa Persica, *Lilas de Perse*. . . . . » 50
— — laciniata. . . . . » 50
— vulgaris, *Lilas commun*. . . . . » 50
— — alba, *Lilas blanc*. . . . . » 50
Tabernæmontana coffeoïdes. . . . . .de 1 à 5 »
— dichotoma . . . . 2 »
Tacsonia ignea. . . . . » 75

Plante grimpante.

— manicata.. . . . . » 75

Plante grimpante.

Talinum. *Voir* Plantes grasses, *page* 102.
Tamarindus Indica, *Tamarin vrai*. . . . . de 1 à 2 »

fr. c.

Tamarix elegans, *Tamaris de l'Inde*. . . . . » 30
— Gallica, *Tamaris de France* . . . . » 30

Ces arbres sont rustiques sur le bord de la mer.

Tanacetum Canariense, *Gonospermum fruticosum*. . . . . . » 75
— vulgare, *Tanaisie*. *Voir* Plantes herbacées vivaces, *page* 107, *et* Plantes officinales, *page* 141.

Tanaisie, *Tanacetum*.

Tanghinia venenifera, *Tanghin vénéneux*. . . . . . . de 1 à 2 »

Arbre produisant un poison très-violent.

Taxodium distichum, *Cyprès chauve*, *C. de la Louisiane*. . . 1 »
Taxus baccata, *If commun*.. . . . . .de 1 à 2 »
Tecoma (Tecomaria) Capensis. . . . . 1 »

Plante grimpante.

— fulva . . . . 0 75 et 1 »
— grandiflora, *Campsis adrepens*. . . . . 1 »

Plante grimpante.

— jasminoïdes (Pandorea) . . . . 1 »

Plante grimpante.

— mollis, *Stenolobium molle* . . . . 0 75 et 1 »
— pentaphylla. . . . . de 2 à 5 »
— radicans (Campsis). . . . . » 50

Plante grimpante.

— schinifolia. . . . . » 75 et 1 »
— speciosa, *Clytostoma callistegioïdes*. 1 50

Plante grimpante.

— stans (Stenolobium). . . . . 0 75 et 1 »
Tecomaria (Tecoma) Capensis. . . . . 1 »

Plante grimpante.

— fulva. .0 75 et 1 »
Telcianthera versicolor. . . . . » 50
Templetonia retusa glauca. . . . . 0 75 et 1 »
Terminalia angustifolia. . . . . *Sujets forts* — de 5 à 10 »
Teucrium fruticans. . . . . 0 75 et 1 »
Thalia dealbata. » 75

Plante vivace aquatique.

Thalictrum. *Voir* Plantes herbacées vivaces, *page* 107.
Thespesia (Hibiscus) populnea . . . . .de 1 à 5 »
Thevetia neriifolia . . . . 1 »
Thlaspi. *Voir* Plantes herbacées vivaces (Iberis), *page* 107.
Thomasia solanacea (Lasiopetalum). . . . . 1 »
Thuia. *Voir* Conifères, *page* 87.
Thunbergia grandiflora.. . . . . 1 »

Plante grimpante.

Thym, Thymus. *Voir* Plantes vivaces potagères, *page* 137, *et* Plantes officinales, *page* 141.
Tilia Europæa (T. platyphylla), *Tilleul de Hollande*. . 1 et 1 25
Topinambour. *Voir* Tubercules alimentaires, *page* 138.

fr. c.

Tournefortia. *Voir* Plantes herbacées vivaces, *page* 107.
Tradescantia (*Ephémère*) discolor. . . . . » 60
— — lineata . . . . » 75
— Japonica . . . . » 25
Pour bordures. — *Le cent*, 3 »
Plante herbacée vivace.
— zebrina. . . . . » 20
Pour bordures. — *Le cent*, 3 »
Triphasia trifoliata. . . . . .de 1 à 1 50
Triplaris Americana. . . . . de 5 à 10 »
Tristania conferta. . . . . 0 75 et 1 »
— macrophylla . . . . 0 75 et 1 »
— speciosa. . . . . 0 75 et 1 »
Tritoma. *Voir* Plantes bulbeuses, *page* 114.
Troëne. *Voir* Ligustrum, *page* 41.
Tropæolum pentaphyllum, *Chymocarpus pentaphyllus*, *Capucine à 5 feuilles*. . . . . » 50
Trymalium odoratissimum. . . . . de 1 à 2 »
Tubéreuse, *Polyanthes*. *Voir* Plantes bulbeuses, *page* 114, *et* Vég. à essence odoriférante, *page* 141.
Tupa ignescens. . . . . » 50
Tupistra nutans . . . . 2 »
Tylophora lutescens. . . . . » 75
Plante grimpante.

Ulmus campestris, *Orme commun*. . . . . de 0 75 à 1 25
— latifolia, *O. à larges feuilles*. . . . . de 0 75 à 1 25
Urginæa. *Voir* Plantes bulbeuses, *page* 114.
Uropetalum. *Voir* Plantes bulbeuses, *page* 114.
Urtica, *Ortie* 1 50
— argentea (Bœhmeria). . . . . 1 »
— biloba, *Splitgerbera Japonica*. . . . . » 50
— candicans (Bœhmeria) . . . . » 10
Le cent, 8 »
— Caracasana (Bœhmeria). . . . . » 75
— macrophylla. . . . . » 75
— nivea (Bœhmeria), *China-grass*. . . . . » 10
Le cent, 8 »
— palmata (Bœhmeria), *Gonii* à Sumatra . . . . » 15
Le cent, 10 »
— tenacissima (Bœhmeria), *Ramie*. . . . . » 15
Le cent, 10 »
— utilis (Bœhmeria), *variété de* China-grass. . . . . » 15
Le cent, 10 »
Vallota. *Voir* Plantes bulbeuses, *page* 115.
Vanilla planifolia, *Vanillier*. . . . . 2 »
Plante grimpante.
Vasconcella. *Voir* Arbres fruitiers, *page* 133.
Verbena dentata, *Verveine à feuilles dentées*. . . . . » 50
— Melindres, *et variétés*. . . . . » 20
— — Maonetti. . . . . » 20

fr. c.

Verbena officinalis. *Voir* Plantes officinales, *page* 141.
— triphylla (Lippia citriodora. — Aloysia citriodora), *Verveine odorante*, *V. Citronelle*. . . . . » 30
— venosa . . . . » 20
Verbesina (Bidens) crocata. . . . . » 40
— gigantea. . . . . » 75
— macrophylla. . . . . » 75
Vernis du Japon. *Voir* Ailantus glandulosa, *page* 16.
Veronica Andersoni. . . . . de 0,50 à 1 »
— excelsa. *Voir* Plantes herbacées vivaces, *page* 108.
Verveine. *Voir* Verbena.
Vétiver, *Andropogon muricatus*. . . . . » 30
Le cent. 20 »
Viburnum, *Viorne*. . . . . 0 75 et 1 »

— Capense.
— multratum.
— odoratissimum, *Aubier Zey de la Chine*.
— prunifolium.
— suspensum.
— Tinus, *Aubier*, *Laurier-Tin*.

Vigne. *Voir page* 128.
Vinca, *Pervenche*. *Voir* Plantes officinales, *page* 141.
Viola, *Violette*. *Voir* Plantes herbacées vivaces, *page* 108, *et* Plantes officinales, *page* 141.
Virgilia aurea, *Virgilier doré*. . . . . » 75
Visnea Mocanera, *Mocan des Canaries*. . . . . 0 75 et 1 »
Vitex Agnus-castus, *Gattilier chaste*. . . . . » 50
Vitis. *Voir* Arbres fruitiers (Vigne), *page* 128.
Vittadenia triloba . . . . » 30
Vriesia. *Voir* Broméliacées, *page* 77.
Wampi. *Voir* Arbres fruitiers (Cookia), *page* 132.
Watsonia. *Voir* Plantes bulbeuses, *page* 115.
Weigelia rosea, *Diervilla Japonica*. . . . . 0 50 et » 75
Wigandia Caracasana. . . . . 0 50 et » 60
— Vigieri . . . . 0 50 et » 60
Wistaria (*Glycine*) frutescens. . . . . 0 75 et 1 »
— Chinensis, *Glycine de la Chine*. . . . . 0 75 et 1 »
Wrightia tinctoria. . . . . 2 »
Xanthosoma. *Voir* Aroïdées, *page* 77. . . . . 2 »
Xylophylla angustifolia . . . . de 2 à 5 »

fr. c.

Yucca aloïfolia. . de 1 à 5 »
— — pendula (Liervalei). de 10 à 20 »
— — quadricolor. de 10 à 20 »
— — variegata, de 3 à 40 »
— Draconis . . de 2 à 5 »
— flaccida. . . de 1 à 2 »
— gloriosa. . . de 1 à 2 »
— — flexilis. de 1 à 2 »
— — pendula. de 1 à 2 »
— Treculeana. . de 5 à 10 »

Zanthoxylon Bungei. 2 »

	fr. c.
Zanthoxylon nitidum	2 »
Zephyranthes. *Voir* Plantes bulbeuses, *page* 115.	
Zizygium Jambolanum. *Voir* Arbres fruitiers, *page* 133.	
Zizyphus Baclei, *Jujubier du Sénégal*.	1 50
— volubilis (Berchemia).	1 »
Voir aussi Végétaux grimpants, *page* 94.	
— vulgaris, *Jujubier cultivé*. . . . . de 0 50 à	» 75
Voir aussi Arbres fruitiers (Jujubier), *page* 124.	

VÉGÉTAUX D'ORNEMENT

PLANTES POUR DÉCORATION DES APPARTEMENTS

PALMIERS.

(*Voir les renseignements et les prix, page* 72.)

Areca rubra.
Chamædorea elatior.
Chamærops excelsa.
— humilis.
— — elegans.
— — macrophylla.
— — tomentosa.
Cocos coronata.
— datil.
— flexuosa.
Cocos lapidea.
Corypha Australis.
Latania Borbonica.
Phœnix dactylifera.
— Leonensis.
— pumila.
— Senegalensis.
Sabal Adansonii.
— Havanense.
— palmetto.

PLANTES DIVERSES.

(*Voir les renseignements et les prix à la liste générale*.)

Aralia Sieboldi.
Aspidistra elatior.
Bambusa (*toutes les espèces*).
Cordyline Brasiliensis.
— congesta.
— ensifolia.
— rigidifolia.
— rubra.
Croton chrysotichum.
— variegatum.
Cycas revoluta.
Cyperus alternifolius.
— Papyrus.
Dracæna.
Ficus elastica.
Musa.
Panax.
Pandanus.
Philodendron.
Poinsettia.
Rhopala.
Strelitzia.

PALMIERS.

fr. c.

Areca rubra, *Palmiste rouge.*

Sujets de 3 à 5 feuilles, *commençant à se caractériser.* 3 »
— de 4 à 6 feuilles caractérisées. . . . . 6 »
— plus forts. . . . . 10 »

Elégant et beau Palmier, originaire des *Iles de la Réunion*, où il porte le nom de *Chou palmiste*, à cause de l'emploi culinaire que l'on y fait de son bourgeon. Les feuilles sont grandes, longues, divisées en pinnules très-allongées ; le pétiole est de couleur rougeâtre, ainsi que les principales nervures des pinnules.

— lutescens . . . . 3, 4, 6 et 8 »

Arenga saccharifera, *Palmier à sucre et à crin.*

Sujets de 0m 40 à 0m 50. . . . . .4 et 6 »
— plus forts. . . . . .8 et 10 »

Beau et grand Palmier, originaire de Java, des Moluques et des Iles de la Sonde, très-propre aux parties les plus chaudes de l'Algérie, prospérant surtout dans une terre irriguée et bien abritée. — Serre chaude sous le climat de Paris.

Chamædorea elatior.

Sujets de 2 à 3 feuilles caractérisées.. . . . 3 »
— plus forts . . . . de 5 à 10 »

— graminifolia. . . . . 10 »

Chamærops excelsa (Fortunei), *Palmier à chanvre de la Chine.*

Sujets de 5 à 6 feuilles, *commençant à se caractériser.* 1 »
Le cent, 90 »
— de 7 à 9 feuilles (5-7 *caractérisées*). . . . . 2 »
Le cent, 185 »
— de 7 à 9 feuilles caractérisées . . . . 3 »
Le cent, 280 »
— plus forts . . . . de 5 à 10 *et* de 10 à 60 »

Ce Palmier, du nord de la Chine, résiste en pleine terre sous le climat de Paris; il y a bien passé le rigoureux hiver de 1870-1871. En raison de sa rusticité et de son élégance, il devrait être cultivé dans tous les jardins, principalement en massifs. Dans l'Italie, l'Espagne, le Portugal, la Grèce, également sur les côtes de la Bretagne, il atteindrait des proportions considérables.

— humilis, *Palmier nain d'Afrique.*

Sujets de 4 à 5 feuilles non caractérisées . . . . . . 1 »
— de 6 à 7 feuilles (2-3 *caractérisées*). . . . . . 2 »
— de 7 à 10 feuilles(5-7 *caractérisées*). . . . . . 4 »
Le cent, 375 »
— de 9 à 10 feuilles caractérisées. . . . . 6 »
Le cent, 565 »
— de 12 à 15 feuilles caractérisées . . . . 9 »
— plus forts. . . . . *Depuis* 12 fr. *jusqu'à* 100 »

— — elegans. Sujets de 4 à 5 feuilles non caractérisées. 1 »
— de 6 à 7 feuilles (2-3 *caractérisées*. . 2 »
— de 7 à 10 feuilles(5-7 *caractérisées*). 4 »
Le cent, 375 »

fr. c.

Chamærops humilis elegans. — Sujets de 9 à 10 feuilles caractérisées. . . . . 5 »
Le cent, 565 »
Sujets de 12 à 15 feuilles caractérisées. . . . . . 9 »
Le cent, 850 »
— plus forts. . . . . *Depuis* 12 *jusqu'à* 100 »
— — macrophylla. Sujets de 4 à 5 feuilles non caractérisées. 1 »
— de 6 à 7 feuilles (2-3 *caractérisées*). . . . . 2 »
— de 7 à 10 feuilles (5-7 *caractérisées*). . . . 4 »
Le cent, 375 »
— de 9 à 10 feuilles caractérisées. . . . . . . 6 »
Le cent, 565 »
— de 12 à 15 feuilles caractérisées. . . . . . . 9 »
— plus forts . . . . . . *Depuis* 12 fr. *jusqu'à* 100 »
— — tomentosa. Sujets de 4 à 5 feuilles non caractérisées. 1 »
— de 6 à 7 feuilles (2-3 *caractérisées*). . . . . 2 »
— de 7 à 10 feuilles (5-7 *caractérisées*). . . . . 4 »
Le cent, 375 »
— de 9 à 10 feuilles caractérisées . . . . 6 »
Le cent, 565 »
— de 12 à 15 feuilles caractérisées . . . . . . 9 »
— plus forts. . . . . . . *Depuis* 12 fr., *jusqu'à* 100 »

Le *Chamærops humilis* et ses variétés sont des plantes très-ornementales, parfaitement appropriées à la décoration des appartements et, pendant l'été, à celle des jardins. Sous le climat de Paris, il doit être rentré l'hiver à l'orangerie.

Les *Chamærops excelsa* et *humilis* sont très-rustiques; mais, pour qu'ils deviennent très-beaux, il leur faut une humidité presque surabondante: cultivés en pot ou en caisse, ils doivent être copieusement arrosés, en hiver comme en été. En caisse, ils peuvent remplacer avantageusement les orangers dans les grands jardins.

Cocos (*Cocotier*) coronata. — Sujets de 2 à 3 feuilles caractérisées. 8 »
— plus forts. . . . . *de* 12 fr. *à* 15 »

Grand Palmier au port très-élégant, à feuilles très-longues, se tenant presque droites et d'un vert luisant très-intense, à pinnules étroites. Il peut être employé très-avantageusement à la garniture des grands appartements. Son port rappelle celui du *Cocos flexuosa*, avec lequel il est souvent confondu.

— datil. — Sujets de 1 à 3 feuilles caractérisées. . *de* 8 *à* 12 »
— flexuosa — Sujets de 2 à 3 feuilles caractérisées . . . 8 »
— plus forts. *Depuis* 18 fr., *jusqu'à* 100 »

Grand et beau Palmier pouvant servir à la décoration des appartements. Son tronc atteint, dans l'Etablissement du Hamma, en pleine terre, jusqu'à 18 mètres d'élévation; les feuilles ou frondes, pennées, longues de 4 à 5 mètres, couronnent les stypes d'une façon élégante. Sous le climat de Paris, il peut être cultivé en serre tempérée.

— lapidea. — Sujets de 1 à 2 feuilles caractérisées. . . . 8 »
— plus forts. . . . . *de* 12 fr. *à* 15 »

Corypha Australis (Livistona).
Sujets de 10 feuilles (7-8 *caractérisées*). 3 25
Le cent, 305 »
— de 12 à 14 feuilles (10-12 *caractérisées*) . . . 5 25
Le cent, 495 »
— plus forts . . . . 10 »

Beau Palmier rustique, à f lles palmées digitées, formant

fr. c.

l'intermédiaire entre le *Chamærops excelsa* et le *Latania Borbonica*. Le pétiole est armé, de chaque côté, de sortes d'aiguillons épineux d'un brun noirâtre.

Il se cultive. en Algérie, sur le littoral, en terre bien exposée et irriguée pendant l'été.

Dattier cultivé. *Voir* Phœnix dactylifera.

Latania Borbonica, *Livistona Sinensis*, *Latanier de Bourbon*.

Sujets de 5 à 7 feuilles (3 *caractérisées*). 2 25
Le cent, 210 »
— de 6 à 8 feuilles (4-5 *caractérisées*). 3 25
Le cent, 305 »
— de 6 à 7 feuilles (6-7 *caractérisées*). 4 25
Le cent, 400 »
— de 7 à 8 feuilles caractérisées. 9 25
Le cent, 875 »
— plus forts. . . . . . . *Depuis* 12 fr., *jusqu'à* 200 »

Magnifique Palmier, très-rustique sur le littoral algérien, très-propre à établir de belles allées dans les parcs et les jardins. Dans les régions méditerranéennes qui sont abritées, il se cultiverait bien en pleine terre; sous le climat de Paris, il demande la serre tempérée. C'est l'une des plantes les plus recherchées pour l'ornementation des appartements, où la culture en est facile.

— — erecta. — Sujets de 6 à 8 feuilles (4-5 *caractérisées*). 3 50
— de 7 à 9 feuilles (6-7 *caractérisées*). 5 »

Variété du *Latania Borbonica*, portant ses feuilles plus droites, dressées, et faisant pour le moins un aussi bel effet; elle se développe très-vite et prend de très-fortes dimensions.

Livistona Australis. *Voir* Corypha Australis, *page* 73.
— Sinensis. *Voir* Latonia Borbonica.

Oreodoxa regia.

Sujets commençant à se caractériser. . . . . 3 »
— de 3 feuilles caractérisées. . . . . 5 »

Originaire de Cuba, où il est connu sous le nom de *Palmito*, ce Palmier produit un bourgeon tendre, appelé *Chou palmiste*. L'arbre est élégant et remarquable; son tronc est nu, de couleur grise, conique, augmentant sensiblement de volume, et se terminant par un bouquet de grandes feuilles à pinnules longues et étroites. Sur le littoral algérien, il lui faut un bon abri et une terre irriguée.

Palmier à chanvre de la Chine. *Voir* Chamærops excelsa, *page* 72.
— à sucre et à crin. *Voir* Arenga saccharifera, *page* 72.
— nain d'Afrique. *Voir* Chamærops humilis, *page* 72.

Palmiste rouge. *Voir* Areca rubra, *page* 72.

Phoenix dactylifera. *Dattier cultivé*.

Sujets commençant à se caractériser. . . . . . . 2 »
— de 6 feuilles (4-5 *caractérisées*). . . . . . . 4 »
— de 7 à 9 feuilles (5-7 *caractérisées*). . . . . . 6 »
— plus forts. . . . . . . *Depuis* 10 fr. *jusqu'à* 100 »

Le *Phœnix dactylifera*, avec ses feuilles dressées, exige peu de place; aussi est-il très-propre à orner les embrasures des fenêtres. Sa rusticité le fait rechercher pour les appartements; il n'est pas rare de l'y faire vivre plusieurs années, quand on sait lui donner les arrosements nécessaires. Il ne craint pas la chaleur, il ne craint pas non plus un certain abaissement de la température; il peut supporter celle de 0° pendant plusieurs jours.

— Leonensis. — Sujets de 4 à 5 feuilles non caractérisées. 2 25
Le cent, 210 »
Sujets de 5 à 6 feuilles (2 *caractérisées*). 3 25
Le cent, 305 »

	fr.	c.
Phœnix Leonensis. — Sujets de 6 à 8 feuilles (4-5 *caractérisées*),	4	25
Le cent,	400	»
— de 8 à 10 feuilles (6-8 *caractérisées*)	6	75
Le cent,	590	»
— de 10 à 12 feuilles caractérisées.	9	25
— plus forts. . . . . . . *Depuis* 12 fr. *jusqu'à*	80	»

Palmier très-élégant. Dans sa jeunesse, les frondes sont érigées; à mesure que la plante se constitue, elles deviennent presque horizontales. C'est une plante très-décorative et qui n'est pas encore assez répandue, un genre de palmier très-rustique et qui se plairait fort bien dans les serres tempérées des jardins d'hiver; là, livré à la pleine terre, il serait une des plantes les plus ornementales.

	fr.	c.
— pumila. — Sujets de 4 à 5 feuilles non caractérisées.	2	25
Le cent,	210	»
Sujets de 5 à 6 feuilles (2 *caractérisées*).	3	25
Le cent,	305	»
— de 6 à 8 feuilles (4-5 *caractérisées*).	4	25
Le cent,	406	»
— de 8 à 10 feuilles (6-8 *caractérisées*).	6	25
Le cent,	590	»
— de 10 à 12 feuilles caracterisées.	9	25
— plus forts. . . . . . . *Depuis* 12 fr. *jusqu'à*	30	»

Le *Phœnix pumila* a de l'analogie avec le *Leonensis*, mais il est plus petit dans tous ses détails; les divisions de ses frondes sont moins serrées, moins épaisses, moins rigides; il est très-ornemental et propre aux mêmes usages que lui.

	fr.	c.
— Senegalensis. — Sujets de 7 à 9 feuilles (4-5 *caractérisées*).	6	»
— de 8 à 10 feuilles (7-8 *caractérisées*).	10	»
— plus forts, *depuis* 15 fr., *jusqu'à*	30	»

Le Jardin du Hamma cultive sous le nom de *Phœnix Senegalensis* une espèce d'une élégance remarquable, avec ses frondes légères et flexueuses, ses pinnules plus étroites et son feuillage d'un vert luisant. C'est l'un des Palmiers les plus ornementaux et les plus gracieux du genre *Phœnix*.

	fr.	c.
Sabal Adansoni. — Sujets de 3 à 5 feuilles caractérisées. . .	2	»
— plus forts. . . . . de 4 à	6	»
— Havanensis. — Sujets de 7 à 9 feuilles (3 *caractérisées*).	4	»
— plus forts.	6	»
— palmetto. — Sujets de 6 à 8 feuilles caractérisées. . . .	2	»
— plus forts. . . . . de 4 à	6	»

AROIDÉES

	fr. c.
Alocasia odora, *Caladium odorum*. . . . . de 0 50 à	1 »
— Roxburghii.	2 »
Amorphophallus Rivieri, ... de 1, 2, 5 à	8 »

L'*Amorphophallus Rivieri* est une plante tuberculeuse très-rustique. Sous les climats analogues à celui de Paris, il se cultive, de mai à la fin d'octobre, en pleine terre, à l'air libre, soit en groupe dans les corbeilles, soit isolément sur les pelouses. Après la chute des feuilles, on relève les tubercules pour les faire hiverner jusqu'en mai, comme pour le Dahlia. Les arrosements fréquents lui sont salutaires.

Le port de l'*Amorphophallus Rivieri*, son feuillage, les marbrures de son pétiole, sa forme en parasol découpé, en font une plante des plus élégantes.

Anthurium cordatum.	4 »
— Galeottianum.	4 »
— Hugelii, *A. Hookeri*, *A. acaule* . . . . de 5 à	10 »
— longifolium.	4 »
— nitidum, *A. lucidum*, *A. Olfersianum*	4 »
— spectabile, *A. grande*.	5 »
— trinervium, *A. lanceolatum*.	5 »
Arum. *Voir* Dracunculus	
Caladium odorum. *Voir* Alocasia.	
Calla. *Voir* Richardia.	
Colocasia cucullata.	» 40
— esculenta, *Colocase d'Egypte*, *Gouet comestible*.	» 75
Le cent,	60 »

Cette Aroïdée est certainement l'une des plus remarquables sous le rapport de sa végétation dans nos jardins. Sous le climat de Paris, on la cultive en massifs. La plantation se fait en pleine terre, vers le milieu du mois de mai, lorsque les gelées ne sont plus à craindre, dans une terre légère et recouverte ensuite d'un paillis épais de 0 m,08 à 0 m. 10. Des arrosements fréquents sont nécessaires. Dans ces conditions, les feuilles peuvent atteindre jusqu'à 1 m. 20 de longueur (sans y comprendre le pétiole), sur 0 m. à 0 m. 90 de largeur. Les tubercules seront conservés en serre chaude durant l'hiver.

— violacea.	» 60
Le cent,	50 »
Dieffenbachia seguina.	1 »
Dracunculus crinitus, *Arum crinitum*.	» 75
— vulgaris, *Arum Dracunculus*.	» 30
Gouet comestible. *Voir* Colocasia.	
Philodendron auritum (Syngonium).	2 »
— crassipes.	20 »
— discolor (Ph. micans, Ph. Fontanesii)	1 50
— hederaceum.	1 50
— lacerum.	2 »
— pertusum. *Voir* Scindapsus, *page* 77.	
Richardia (Calla) Æthiopica. . . . . 0 50 et	» 75
— albo-maculata. . . . . de 0 75 à	2 »

Le *Richardia albo-maculata* est une plante tuberculeuse qui n'est pas assez répandue dans les jardins. Sous le climat de Paris, en pleine terre tenue bien fraîche, on la cultive en massifs ou en corbeilles où elle produit le plus bel effet, pendant toute la saison. Ses feuilles,

fr. c.

en forme de flèche d'un vert foncé, portant de nombreuses macules blanches. Ses spathes blanches en forme de cornet, en font une plante très-ornementale.

	fr.	c.
Scindapsus giganteus	2	»
— pertusus, *Philodendron pertusum*	3	»
Sujets décoratifs	5	»
— *plus forts*	10	»

Aroïdée extrêmement rustique, à feuillage découpé et percé de trous, très-propre à l'ornementation des appartements.

	fr.	c.
Syngonium auritum	2	»
Xanthosoma belophyllum	2	»
— edule	2	»
— nigrescens	1	»
— sagittæfolium	»	40
Le cent,	30	»

BROMÉLIACÉES

Æchmea disticantha	de 1 50 à 3 »
— fulgens	de 2 » à 3 »
— — discolor	de 2 » à 3 »
— miniata discolor	de 2 » à 3 »
— Weilbachii	de 2 » à 3 »
Billbergia amœna	de 0 75 à 1 50
— Croyana	3 »
— rubro-marginata	3 »
— fasciata	de 4 » à 5 »
— iridifolia	de 0 75 à 1 50
— Leopoldii	de 3 » à 4 »
— — vittata	de 3 » à 4 »
— Liboniana	de 0 75 à 1 50
— pyramidalis	de 0 75 à 1 50
— rhodocyanea	de 3 50 à 4 »
— rosea	de 5 » à 8 »
— splendida	de 5 » à 6 »
Bromelia sceptrum	de 2 50 à 5 »
Cryptanthus acaulis	de 1 » à 2 »
Disteganthus basi-lateralis	2 50
Guzmania tricolor	4 »
Nidularium fulgens (pictum)	de 8 » à 10 »
Pitcairnia furfuracea	0 75 et 1 »
— intermedia	0 75 et 1 »
— latifolia	0 75 et 1 »
— undulata	de 0 75 à 1 50
Portea Kermesina	10 »
Vriesia Glaziovana	de 10 » à 20 »
— splendens (Tillandsia)	de 3 » à 5 »

ARBRES FORESTIERS ET D'ORNEMENT

POUR LA PLANTATION DES ROUTES, DES PARCS ET DES JARDINS EN ALGÉRIE.

I. GRANDS ARBRES POUR ROUTES ET AVENUES.

	fr.	c.
Acer platanoïdes, *Erable plane, E. de Norwège*. . . . .1 et	1	25
— pseudo-platanus, *Erable sycomore, Faux-Platane*. .1 et	1	25
Ailantus (*Ailante*) glandulosa *Vernis du Japon*.—*Tige*, 0 75 et	1	»
Plant de pépinière. Le cent, de 2 à	2	50
Bella sombra, *Phytolacca dioïca* . . . . 0 75 et	1	»
Blue gum-tree. *Voir* Eucalyptus globulus.		
Broussonetia papyrifera, *Mûrier à papier*. . . . de 0 75 à	1	25
Caroubier, *Ceratonia siliqua*. . . . . de 2 à	3	»
Celtis australis, *Micocoulier de Provence, Bois de Perpignan* et	1	25

Arbre très-vigoureux et très-rustique, commun dans certaines parties de l'Algérie, où il se rencontre dans les conditions les plus diverses : sur les terrains inclinés, sur les ruines, dans les fissures des rochers, dans les plaines, et à peu près à toutes les altitudes; son bois, dur et compacte, est fort recherché; on en fabrique des cercles de tonneaux, des cribles, etc. Il prend un grand développement.

Ceratonia siliqua, *Caroubier*. — *Voir aussi* Arbres fruitiers, *page* 129.

Dattier. *Voir* **Phœnix**, *page* 81.

Erable. *Voir* Acer *et* Negundo, *page* 81.

Eucalyptus globulus, *Gommier bleu de Tasmanie, Blue gum-tree*. » 40

Les cinquante, 15 »

Le cent, 25 »

Le genre *Eucalyptus*, qui comprend un grand nombre d'espèces et de variétés, appartient à la famille des Myrtacées. Ce sont des arbrisseaux ou de très-grands arbres, qui font essentiellement partie de la flore australienne. Quelques espèces croissent avec une rapidité surprenante et acquièrent en fort peu de temps des dimensions vraiment considérables, tant en hauteur qu'en circonférence. M. Muller, Directeur du Jardin botanique de Melbourne, cite des échantillons, découverts dans la Tasmanie, qui avaient des proportions en quelque sorte colossales, car un *Eucalyptus globulus* abattu mesurait plus de 100 mètres de longueur, et son tronc avait à sa base 28 mètres de circonférence. Une autre espèce, l'*Eucalyptus amygdalina*, devient encore plus gigantesque, puisqu'il n'est pas très-rare d'en rencontrer qui atteignent 123 mètres de haut.

Malgré la rapidité de leur croissance, le bois des *Eucalyptus* est d'une densité remarquable, très-serré, dur, très-solide et incorruptible, en sorte qu'on l'emploie à toutes sortes d'usages : construction de navires, traverses ou madriers pour supporter les rails des chemins de fer, charronnage, ébénisterie, *etc*.

Parmi les nombreuses espèces ou variétés introduites en ces derniers temps sur notre continent, il n'y en a guère que deux ou trois qui soient utilisées pour le boisement. En première ligne il faut citer l'*Eucalyptus globulus*, qui nous occupe ici; il a été découvert dans la terre de Van Diémen, en 1792, par Labillardière, botaniste français. C'est, ainsi que nous l'avons dit, un très-grand arbre, d'un port régulier, ayant une tige droite et élancée. Ses écorces s'exfolient comme celles du Platane. Dans sa jeunesse, sa tige est garnie, de bas en haut, de rameaux opposés, disposés en croix et retombant avec élégance. Ses feuilles offrent cette singulière particularité que, pendant les deux ou trois premières années, elles sont sessiles, opposées, ovaliformes; puis plus tard, lorsque l'arbre se caractérise, elles perdent cette forme, devenant alternes, longuement pétiolées et bientôt falciformes; elles sont ou dressées verticalement ou pendantes, comme les rameaux du Saule pleureur. La fleur est blanche, de grandeur moyenne; elle contient de 900 à 1200 étamines. Le fruit est capsulaire et renferme une quantité de graines de couleur noirâtre. Cette espèce est généralement connue sous le nom de *Gommier bleu de Tasmanie, Blue gum-tree.*

Par suite de sa rusticité, l'*Eucalyptus* est avantageusement employé pour le boisement, dans les parties chaudes et tempérées de l'Algérie, ainsi que dans les contrées analogues du midi de l'Europe. Il en existe déjà des cultures considérables sur notre sol africain; la Société générale algérienne en possède de belles plantations qui datent de plusieurs années, dans la province de Constantine, à Aïn-Mokra, près du lac Fetzara, et à Oued Bès-Bès. D'autres s'élèvent au Sly, dans la province d'Alger, et à Relizane, dans celle d'Oran. On doit la vulgarisation de cette culture en Algérie, au point de vue du boisement, à MM. Cordier et Trottier.

La multiplication de l'*Eucalyptus* ne peut se faire que par le moyen des semis; l'époque la plus favorable est depuis le mois de septembre jusqu'à la fin du mois d'octobre. Comme la graine est assez petite, elle ne produit qu'un plant grêle et délicat; aussi le meilleur mode pour réussir une culture en grand, un boisement par exemple, est-il de semer d'abord en terrines, puis lorsque le plant a atteint 8 ou 10 centimètres, de le repiquer dans des pots-godets ayant de 7 à 9 centimètres de diamètre. Plus tard, on procèdera à la plantation définitive; le moment le plus propice, même pour le boisement, sera le mois de février ou celui de mars.

Lorsqu'on veut faire une plantation importante *et qu'on en désire sérieusement la réussite*, il est essentiel, indispensable de préparer le terrain longtemps à l'avance par des labours *très-profonds*, faits à la charrue dite *fouilleuse*, du moment que l'opération est praticable; sinon, il faudrait faire les défoncements à la pioche. Lorsqu'arrive le moment de la plantation, on trace des lignes distantes entre elles de 4 mètres: dans ces lignes, les Eucalyptus seront placés à 2 mèt. 50 les uns des autres. Avant de les mettre en terre, il est prudent, sous peine de mauvaise réussite, de s'assurer si les mottes ne sont pas sèches; dans ce cas, il faut les tremper dans l'eau pendant quelque temps, afin de rendre à la terre l'humidité nécessaire à la vie de la plante; si l'on néglige cette précaution, il en résulte presque inévitablement la mort de la plus grande partie des jeunes sujets, peu après la plantation. Il est également bon, à ce moment, de s'assurer si les racines, qui commencent à devenir ligneuses, n'ont pas, en se développant, contourné la paroi intérieure des pots, ce qui nuirait à la végétation des jeunes arbres et ne leur permettrait pas, plus tard, de s'attacher assez fortement à la terre pour résister à la violence des vents: si ce cas se présente, après avoir dépoté, l'on retranche à la main les racines ainsi contournées; si elles sont déjà forte et dures, on les coupe.

Quelques arrosages sont nécessaires pendant la première période qui suit la plantation.

D'après les chiffres que nous venons d'indiquer pour la distance des arbres, on pourra, vers la 4e ou la 5e année, en retrancher un sur deux, en alternant dans les lignes; il en résultera que les arbres restants seront, dans ces lignes, espacés à 5 mètres, et, d'une ligne à l'autre, par la diagonale, de 4 mèt. 70. Les sujets ainsi retranchés donnent déjà un premier rapport; ils peuvent ainsi être employés à divers usages, poteaux télégraphiques, *etc.*

L'*Eucalyptus* n'est pas délicat, cependant il aime une terre profonde et fraiche; c'est une erreur, dont on voit plus tard les fâcheux effets, de le planter en d'autres conditions.

Nous avons conseillé plus haut de préparer le sol longtemps à l'avance: en voici la raison. En Algérie, il existe un insecte dont la larve est très-commune dans les sols non défrichés, il en résulte que si l'on fait la plantation immédiatement après les labours, les larves, ne trouvant plus leur nourriture, se jettent sur les *Eucalyptus* et les décortiquent au collet, comme le font autre part les larves des hannetons. Plusieurs fois déjà nous avons été à même de constater ce fait sur nos végétaux, dans les plaines d'Oued Bès-Bès, et, dernièrement, au Sly et à Relizane, où la plus grande partie des jeunes plants ont été dévorés. Cet insecte appartient à la tribu des Hannetons; il est connu des entomologistes sous le nom de *Rhizotrogus euphytus.*

Somme toute, le genre *Eucalyptus* renferme des espèces dont on ne saurait trop recommander la culture en Algérie, en vue des résultats immenses qu'ils sont appelés à donner; c'est pourquoi nous avons cru devoir étendre exceptionnellement la présente Note sur le compte de ce précieux végétal. On en peut voir de fort beaux exemplaires à notre Jardin du Hamma, ainsi que chez MM. Cordier et Trottier, près d'Alger.

Les *Eucalyptus*, a point de vue utilitaire, sont connus déjà depuis fort longtemps, car dans certaines parties tempérées de l'Angleterre, on en cultivait en pleine terre depuis 35 ou 40 ans, lorsque l'hiver de 1829 les a tous fait périr, ce qui dénote que la plantation avait dû en avoir été faite vers 1789. Déjà à cette époque on connaissait les services que pouvaient rendre ces végétaux, car les ouvrages que nous avons sous les yeux disent que « ces arbres pourraient être » cultivés en pleine terre dans le midi de notre France et » parvenir à la haute stature qu'ils ont dans leur pays natal, » par conséquent devenir utiles pour les constructions et les » mâtures. »

Eucalyptus oppositifolia. . . . . *Plante forte*, 1 »
— colossea. . . . . 1 »
— resinifera. . . . . *Plante forte*, 1 »
Févier. *Voir* Gleditschia.
Fraxinus excelsior, *Frêne commun* . . . . . . de 0 75 à 1 25
— præcox, *Frêne de l'Algérie*. . . . . de 0 75 a 1 25
— pubescens. 1 25
Frêne, *Fraxinus*.
Gleditschia triacanthos, *Févier à trois épines*. . . de 0 75 à 1 25
Gommier bleu. *Voir* Eucalyptus globulus, *page* 78.
Grevillea robusta. de 2 à 3 »
Plant élevé en pot, pour boisement.—Le cent, 60 »

Arbre de la Nouvelle-Hollande, auquel ses feuilles découpées donnent l'apparence de certaines Fougères; aussi l'appelle-t-on quelquefois *Arbre fougère*. Il aime les terrains profonds et croit très-

fr. c.

rapidement. Son bois étant de bonne qualité, c'est un arbre à utiliser pour le boisement en Algérie, mais seulement dans les localités non sujettes à la gelée.

Juglans nigra, *Noyer noir*. . . . . de 0 75 à 1 25

Grand arbre à croissance rapide, dont le bois dur est excellent pour l'ébénisterie. Il exige une terre profonde.

Lilas des Indes. *Voir* Melia Azedarach.
Melia Azedarach, *Lilas des Indes* . . . . de 0 75 à 1 »
— sempervirens . . . . de 0 75 à 1 »

Ces deux *Melia* sont très-rustiques.

Micocoulier. *Celtis australis*. . . . . 1 à 1 25
Morus alba, *Mûrier blanc*. . . . . de 0 75 à 1 25

Arbre très-résistant en Algérie.

Mûrier à papier. *Voir* Broussonetia, *page* 78.
Negundo (Acer) fraxinifolium, *Erable à feuilles de Frêne* de 0 75 à 1 25
Noyer noir. *Voir* Juglans nigra.
Orme. *Voir* Ulmus.
Phœnix dactylifera, *Dattier cultivé*. *Voir* Palmiers, *page* 74.

Ce Palmier est très-rustique dans les parties chaudes et tempérées de l'Algérie. Il supporte sans danger les vents de mer; on peut donc l'employer avantageusement en faisant des plantations pour se protéger contre les vents.

Phytolacca dioïca, *Bella sombra*. . . . . 0 75 et 1 »

Arbre très-vigoureux et très-rustique dans les parties de l'Algérie où il ne gèle pas. Il n'est pas assez employé pour la plantation des routes.

Planera crenata, *Zelcowa de Tiflis*. . . . . de 1 à 1 50

Cet arbre ressemble beaucoup à l'Orme par son feuillage. Le tronc est à écorce lisse : le bois, très dur, peut être avantageusement employé pour le charronnage. Il est, en outre, très-rustique.

Platanus occidentalis . . . . de 0 75 à 1 25
— orientalis . . . . de 0 75 à 1 25

Les *Platanes* sont des arbres à croissance rapide ; ils exigent une terre fraîche et profonde.

Poivrier (Faux), *Schinus molle*. . . . . de 0 75 à 1 »
Peuplier, *Populus*.
Populus alba, *Peuplier blanc, Ypréau*. . . . . » 75
— nigra, *Peuplier noir* . . . . » 75
— — fastigiata, *Peuplier d'Italie, Peuplier pyramidal*. . . » 75
Robinia pseudo-Acacia, *Robinier faux-Acacia, Acacia blanc* de 0 75 à 1 25

L'*Acacia blanc* est certainement l'un des plus rustiques comme arbre d'alignement.

Ulmus campestris, *Orme commun*. . . . . de 0 75 à 1 25
— latifolia, *Orme à larges feuilles*. . . . . de 0 75 à 1 25
Vernis du Japon, *Ailantus glandulosa*. . . . . . . 0 75 et 1 »
Ypréau. *Voir* Populus.
Zelcowa, *Planera crenata*. . . . . 1 à 1 50

5.

II. GRANDS ARBRES POUR PARCS ET JARDINS.

fr. c.

Arbre de corail. *Voir* Erythrina.
Catalpa bignonioïdes . . . . de 0 75 à 1 25
Celtis Americana, *Micocoulier d'Amérique* . . . . 1 et 1 25
Chalef. *Voir* Eleagnus.
Chicot du Canada. *Voir* Gymnocladus, *page* 83.
Citharexylon caudatum. . . . . *Levé en motte.* 3 »
— cinereum. . . . . — 3 »
— lucidum. . . . . — 3 »
— quadrangulare . . . . — 3 »
— villosum. . . . . — 3 »

Dans les parties chaudes et tempérées de l'Algérie, dans les contrées où il ne gèle pas, les *Citharexylon* forment de beaux arbres de moyenne grandeur; ils conservent leurs feuilles toute l'année et se couvrent de petites fleurs blanches très-odorantes, disposées en épis ou en panicules. — Rustique.

Coulteria tinctoria . . . . 1 et 1 25

Arbre de 3e grandeur en Algérie.

Croton sebiferum, *Stillingia sebifera*, *Arbre à suif* . . . 1 et 1 25

Arbre rustique dans les contrées chaudes et tempérées de l'Algérie.

Eleagnus angustifolia (hortensis) *Chalef à feuilles étroites*, *Olivier de Bohème* . . . . 1 »
Erythrina Caffra, *Erythrine des Caffres*. . . . . 2 »
— coralloïdes, E. *Arbre de corail*. . . . . 2 »
— umbrosa. . . . . 2 »

Ces trois espèces d'*Erythrine* sont extrêmement vigoureuses et forment de grands arbres. On peut les utiliser, dans les parties chaudes de l'Algérie, à former des allées ou des avenues dans les jardins ou dans les parcs.

Févier. *Voir* Gleditschia.
Ficus, *Figuier*. de 2 à 4 »

Ces Figuiers, cultivés en pleine terre, sont livrés en motte.

— Botteri.
— Capensis.
— cordifolia.
— glumacea.
— lævigata.
— laurifolia.
— nitida.
— Pergaminea.
— racemosa.
— reclinata.
— religiosa.
— Roxburghii.
— rubiginosa.
— Sycomorus.

Ces Figuiers sont des arbres à feuilles persistantes, d'un très-beau port et d'une croissance rapide. On en peut former des massifs, des allées ou des avenues. Ils réussissent bien en terrain frais et profond, dans les régions chaudes et tempérées de l'Algérie, mais dans les localités où la gelée n'est pas à craindre.

Gleditschia Caspica, *Févier de la mer Caspienne*. 1 25
— inermis, *Févier sans épines*. 1 25
— Sinensis, *Févier de la Chine*. 1 25
Grewia occidentalis. 2 »

fr. c.

Gymnocladus Canadensis, *Chicot du Canada*. . . . . 0 75 et 1 »
Jacaranda mimosæfolia . . . . 0 75 et 1 »

Grand arbre du Brésil à fleurs bleues réunies en panicule. Il appartient à la famille des Bignoniacées, et croit très-rapidement dans les jardins d'Alger et de ses environs. C'est un arbre qui produit un très-bel effet lorsqu'il est fleuri.

Kælreuteria paniculata. . . . . » 75
Latania Borbonica. *Voir* Palmiers, *page* 74.

Très-beau Palmier, rustique dans les parties chaudes de l'Algérie, formant des avenues d'une grande beauté.

Maclura aurantiaca, *Maclure épineux*, *Mûrier à bois jaune* de 0 75 à 1 25
Micocoulier. *Voir* Celtis, *page* 82.
Mûrier à bois jaune. *Voir* Maclura aurantiaca.
Olivier de Bohême. *Voir* Eleagnus, *page* 82.
Paulownia imperialis. . . . . de 1 à 1 50
Peuplier. *Voir* Populus.
Poivrier (Faux). *Voir* Schinus.
Populus angulata, *Peuplier de la Caroline*. . . . . » 75
— Canadensis. . . . . » 75
— Græca, *Peuplier d'Athènes*. . . . . » 75
— monilifera, *Peuplier de Virginie*, *Peuplier suisse*. . . . . » 75
— nigra, *Peuplier noir*. . . . . » 75
— — fastigiata, *Peuplier pyramidal*, *Peuplier d'Italie*. . . » 75

Tous ces *Peupliers* peuvent être cultivés dans les parties tempérées ou froides de l'Algérie.

Sapindus cinereus. . . . . de 0 75 à 1 25
— Indicus. de 0 75 à 1 25
— Saponaria. . . . . de 0 75 à 1 25

Les *Sapindus* sont de très-beaux arbres, vigoureux et rustiques, mais qui demandent à être cultivés dans les localités chaudes ou tempérées de l'Algérie. L'enveloppe des fruits est saponifère ; elle remplace le savon pour le blanchissage.

Schinus molle, *Faux-Poivrier* . . . . de 0 75 à 4

Arbre du Pérou, improprement appelé *Poivrier* à cause de son odeur.
Ses rameaux sont longs, effilés et pendants comme ceux du *Saule pleureur*. C'est un arbre très-élégant, surtout lorsque les sujets femelles se couvrent de leurs jolis fruits rouges, disposés en petites grappes. Il est rustique dans les régions chaudes et tempérées.

Sophora (Styphnolobium) Japonica. . . . . 1 et 1 25
Sterculia platanifolia. . . . . 0 75 et 1 »
Stillingia sebifera, *Croton sebiferum*. . . . . 1 à 1 25
Styphnolobium. *Voir* Sophora.
Tilia Europæa (T. platyphylla), *Tilleul de Hollande*. . . 1 et 1 25

Arbre à cultiver dans les régions froides de l'Algérie; il aime les terrains frais et profonds.

VÉGÉTAUX

PROPRES A FORMER DES HAIES OU DES ABRIS

(BRISE-VENTS).

*Les espèces marquées d'un astérisque * ne peuvent être utilisées que dans les régions chaudes ou tempérées de l'Algérie, c'est-à-dire dans les localités où il ne gèle pas; les autres supportent le climat du nord de la France.*

PLANTS POUR HAIES.

		fr.	c.
* **Acacia** Capensis, *Acacie du Cap*	Le cent,	3	»
* — Cavenia, *A. de Buenos-Ayres*	—	3	»
* — eburnea, *A. à épines d'ivoire*	—	3	»
* — Farnesiana, *Cacis*	—	3	»
* — horrida	—	3	»

Ces *Acacia* sont des arbrisseaux dont les rameaux sont armés d'épines nombreuses, ce qui permet d'en faire des haies très-défensives, principalement de l'*Ac. eburnea*, dont les épines sont longues de 5 à 8 centimètres.

		fr.	c.
* **Agave** Americana (*Improprement appelé Aloès*)	Le cent,	4	»
* — Mexicana	Le cent,	4	»
Argalou. *Voir* Paliurus.			
Aubépine commune, *Cratægus oxyacantha*	Le cent, de 1 à	1	50
* **Bambou** épineux, *Bambusa spinosa*	Le cent,	20	»

Le *Bambou épineux* forme des haies impénétrables.

		fr.	c.
* **Bigaradier**, *Citrus Bigaradia*	Le cent, de 2 à	3	»
Buisson ardent, *Cratægus pyracantha*	Le cent, de 1 50 à	2	»
* **Citrus** Aurantium. *Voir* Oranger franc.			
* **Coulteria** tinctoria	Le cent,	2	50

Plante formant des haies impénétrables.

		fr.	c.
Cratægus. *Voir* Aubépine *et* Buisson ardent.			
Févier de la Chine, *Gleditschia Sinensis*	Le cent,	2	50
Gleditschia, *Févier.*			
* **Grenadier** à fleurs simples, *Punica Granatum*	Le cent,	3	»
* **Lantana.** Toutes les variétés, sauf le Sellowiana. *Voir page 40*	Le cent,	20	»
Maclure épineux, *Maclura aurantiaca, Mûrier à bois jaune.*	Le cent,	2	50
* **Nopalier** à cochenilles, *Opuntia coccinellifera*. Boutures simples non enracinées	Le cent,	5	»
Opuntia, *Nopalier.*			
* **Oranger** franc, *Citrus Aurantium*	Le cent,	5	»
Paliurus aculeatus, *Paliure épineux, Argalou*	—	3	»
* **Punica.** *Voir* Grenadier.			

PLANTS POUR ABRIS (*brise-vents*).

Arundo. *Voir* Roseau.
Biota. *Voir* Thuia.
Cupressus, *Cyprès*.
Cyprès horizontal, *Cupressus horizontalis*. . . . . . Le cent, 2 »
— pyramidal, *Cupr. pyramidalis*. . . . . — 2 »
Ficus, *Figuier*.
* **Figuier** à feuilles lisses, *Ficus lævigata*. . . . . Le cent, 50 »
* — — à feuilles luisantes, *Ficus nitida*. . . . . — 50 »
* **Laurier** sauce, *Laurus nobilis*. . . . . — 5 »
* **Ligustrum**, *Voir* Troëne.
Pin d'Alep, *Pinus Alepensis*. . . . . Le cent, 40 »
Roseau à quenouille, *Arundo Donax*. . . . . — 10 »
— d'Afrique, *Arundo Mauritanica*. . . . . — 10 »
Thuia (Biota) orientalis. . . . . — 15 »
— Nepalensis *B. orientalis gracilis*. . . . . — 15 »
* **Troëne** du Japon, *Ligustrum Japonicum*. . . . . — 5 »

PLANTS POUR TALUS DE CHEMINS DE FER
EN ALGÉRIE.

Pour les terrains secs.

Robinier, faux Acacia. . . . . Le cent, de 2 » à 2 50
Ailante, *Vernis du Japon*. . . . . Le cent, de 2 » à 2 50

Pour les terrains frais.

Bambusa mitis. — (*Tronçons de rhizomes*). . . . . . Le cent, 50 »
— Simoni — . . . . Le cent, 50 »
— viridi-glaucescens — . . . . Le cent, 50 »

CONIFÈRES.

ARBRES RÉSINEUX.

	fr. c.
Araucaria Bidwillii	de 30 à 60 »
— Brasiliensis	de 2 à 4 »
— Cunninghamii	de 25 à 50 »
— excelsa	de 25 à 50 »
Biota. *Voir* Thuia, *page* 87.	
Callitris quadrivalvis, *Thuia d'Algérie*	» 75

Cet arbre croît sur les parties élevées des rochers; son bois est très-employé en ébénisterie; on le connaît généralement sous le nom de *Bois de cèdre* ou *Bois de Thuia*.

Casuarina Cunninghamiana	de 0 50 à 1 »
— equisetifolia, *Filao*	de 0 50 à 1 »
— glauca	de 0 50 à 1 »
— leptoclada (C. tenuissima)	de 0 50 à 1 »
— quadrivalvis	de 0 50 à 1 »

La plupart des *Casuarina* sont de très-grands arbres; leur bois est dur et très-recherché. Ils sont d'une très-grande ressource pour les reboisements, parce que, après l'abattage, des jets adventifs repoussent, soit sur le tronc, soit sur les racines. On peut les cultiver dans les régions chaudes ou tempérées de l'Algérie.

Cèdre de Virginie, *Juniperus Virginiana*	» 60
Cedrus Libani, *Cèdre du Liban*	de 2 à 3 »

En Algérie, cet arbre ne peut être cultivé que dans les régions alpestres.

Cupressus (*Cyprès*) funebris	1 »
— sempervirens, *C. pyramidalis*	» 60
Plants pour haies ou abris. *Le cent,*	2 »
— — horizontalis	» 60
Plants pour haies ou abris. *Le cent,*	2 »

Les *C. pyramidalis* et *horizontalis* sont très-rustiques en Algérie; ils devraient y être plus répandus, particulièrement le *C. horizontalis* qui croît très-rapidement. On les emploie aussi tous les deux à former des haies et des abris.

Cyprès. *Voir* Cupressus *et* Taxodium.	
Filao, *Casuarina equisetifolia*	de 0 50 à 1 »
Genévrier, *Juniperus*.	
If commun, *Taxus baccata*	de 1 à 3 »
Juniperus Phœnicea, *Genévrier de Phénicie*	» 75
— Virginiana, *Cèdre de Virginie*	» 60
Pinus Alepensis, *Pin d'Alep*	» 60
Le cent,	40 »

Les sujets que nous livrons au commerce sont cultivés en pot, afin d'en assurer la reprise.

Le *Pin d'Alep* croît spontanément sur le littoral méditerranéen, dont il couvre toutes les parties montagneuses. Il est trop connu

fr. c.

par les services qu'il rend, pour que nous ayons besoin de le recommander ; on devrait, en Algérie, en couvrir toutes les montagnes dénudées de végétation, en particulier celles des régions chaudes et tempérées. Il se contente de fort peu de terre.

Pinus Canariensis, *Pin des Canaries* . . . . » 75
Le cent, 60 »

Ce Pin croît parfaitement en Algérie : c'est une espèce très-bonne pour le boisement des parties montagneuses.

— longifolia, *Pin à longues feuilles*. . . . . 3 »

Espèce très-rustique dans les parties chaudes et tempérées de l'Algérie. Arbre très-vigoureux et d'une extrême élégance ; c'est le plus beau des Pins. Son bois est très-estimé et contient beaucoup de résine.

— Pinea, *Pin pignon*. . . . . » 60
Le cent, 50 »

Pin. *Voir* Pinus.
Podocarpus latifolia . . . . de 0 75 à 1 50
— macrophylla . . . . de 0 75 à 1 50
— neriifolia. . . . . de 0 75 à 1 50
— spicata . . . . de 0 75 à 1 50
Schubertia. *Voir* Taxodium distichum.
Taxodium distichum (Schubertia) *Cyprès chauve, C. de la Louisiane* . . . . 4 »

Grand arbre de la Louisiane, à feuilles caduques. Il croît très-rapidement dans les terrains très-humides. Au Jardin du Hamma d'Alger, il s'en cultive des sujets qui ne laissent rien à désirer sous le rapport de la végétation ; ce serait une bonne espèce à cultiver dans les marais algériens. Le *Cyprès chauve* produit un bois de très-bonne qualité.

Taxus baccata, *If commun*. . . . . de 1 à 3 »
— d'Algérie. *Voir* Callitris quadrivalvis, *page* 86.
Thuia gigantea. 2 »
— Orientalis, *Biota Orientalis*. . . . . » 60
Plants pour abris . . . . . . *Le cent*, 15
— — Nepalensis, *Biota Orientalis gracilis*. . . . . » 60
Plants pour abris . . . . . . *Le cent*, 15 »
— — aurea, *Biota Orientalis aurea*. . . . . de 1 à 2 »
— plicata . . . . » 60

VÉGÉTAUX GRIMPANTS,

SARMENTEUX, VOLUBILES.

A l'exception des Deeringia *et des* Rosiers, *toutes ces plantes sont cultivées en pot.*

	fr. c.
Akebia. — (*Ménispermacées*).	
— quinata	» 75
Amphilophium. — (*Bignoniacées*).	
— Mutisii	1 »

Plante de la Nouvelle-Grenade, à fleurs violettes. Son développement considérable la fait rechercher pour couvrir de grandes étendues.

	fr. c.
Anisostichus. — (*Bignoniacées*).	
— capreolata (Bignonia)	1 »
Arauja. — (*Asclépiadées*).	
— albens, *Physianthus albens*	» 75

Espèce vigoureuse, à feuilles cotonneuses et à fleurs blanches odorantes. Elle peut se cultiver en pleine terre dans la région méditerranéenne.

	fr. c.
Argyrea. — (*Convolvulacées*).	
— argentea	1 »
Arrabidæa. — (*Bignoniacées*).	
— Chica, *Bignonia Chica*	1 »
Asclépiade. *Voir* Hoya, *page* 91.	
Banisteria. — (*Malphighiacées*).	
— chrysophylla, *Heteropteris chrysophylla*	2 »
— ciliata, *Stigmaphyllon ciliatum*	1 »
— emarginata, *B. tomentosa*	1 50
— laurifolia	1 50
— nitida, *Heteropteris nitida*	2 »
Beaumontia. — (*Apocynées*).	
— grandiflora	de 1 à 2 »
Berchemia. — (*Rhamnées*).	
— volubilis, *Zizyphus volubilis*	1 »
Bignone. *Voir* Campsis radicans, *page* 89.	
— hérissée. *Voir* Phitecoctemium, *page* 93.	
Bignonia. — (*Bignoniacées*).	
— Chica, *Arrabidœa Chica*	1 »
— Manglesii	1 »
— speciosa, *Clytostoma callistegioides*	1 50
— Tweediania	» 75
— unguis	» 75
Billardiera. — (*Pittosporées*).	
— fusiformis, *Sollya heterophylla*	1 »

fr. c.

Boussingaultia (*Basellées*) baselloïdes. . . . . » 50

Plante vivace, à souche tuberculeuse. Sa tige se développe avec une extrême vigueur et se couvre d'innombrables petites fleurs blanches, disposées en grappes allongées et grêles. Cette Basellée est sujette à geler sous le climat de Paris ; dans le midi de la France, elle se montre très-rustique. En Algérie, elle se développe aussi bien sur le bord de la mer que dans les endroits les plus chauds et les plus arides. Elle est fréquemment employée pour garnir les berceaux.

Bougainvillea. — (*Nyctaginées*).
— Brasiliensis. de 1 à 3 »
— glabra . . . . de 1 à 3 »
— spectabilis. de 1 à 3 »
— Warscewiczii. . . . . de 1 à 3 »

Les *Bougainvillea* sont des plantes vigoureuses. En Algérie, dans les parties chaudes ou même tempérées, elles sont employées fréquemment à garnir les murs des jardins ou des habitations, qu'elles ornent, pendant l'hiver, de leurs nombreuses bractées diversement colorées de rose, de violet, etc., selon les espèces.

Buddleia. — (*Scrophularinées*).
— Madagascariensis . . . . 0 50 et » 75

Arbrisseau à croissance très-rapide, se couvrant, pendant une partie de l'hiver, de nombreux épis de fleurs d'un jaune orange. On l'emploie, dans toute la région chaude ou tempérée du bassin méditerranéen, à couvrir les murailles des berceaux, les tonnelles, etc.

Byrsonima. — (*Malpighiacées*).
— volubilis. 1 50

Campsis. — (*Bignoniacées*).
— adrepens, *Tecoma grandiflora*. . . . . 1 »

Très-belle plante, qui se couvre, pendant l'été, de grandes fleurs d'un jaune orange.

— radicans, *Tecoma radicans, Bignone, Jasmin de Virginie*. » 50

Camptosema. — (*Légumineuses*).
— rubicundum, *Dioclea glycinoïdes*. . . . . » 75

Capucine. *Voir* Tropæolum, *page* 94.

Chayote. *Voir* Sechium edule, *page* 94.

Chèvrefeuille. *Voir* Lonicera, *page* 92.

Chymocarpus. *Voir* Tropæolum, *page* 94.

Cissus. — (*Vinifèrées*).
— acida . . . . » 75
— antarctica. . . . . 1 »
— discolor. . . . . 2 »
— quinquefolia, *Vigne vierge*. . . . . » 60
— Roylei . . . . » 75

Le *Cissus Roylei* est une espèce propre à garnir les murs, les façades des maisons, les troncs d'arbres, etc. Il se développe avec une rapidité extrême, et, à l'aide de ses vrilles armées de ventouses, il s'accroche naturellement à tous les corps qu'il rencontre, sans qu'il soit besoin de le diriger.

Clematis. — (*Renonculacées*).
— smilacifolia, *Cl. à feuilles de Salsepareille*. . . . . . . 1 »
— viticella, *Cl. bleuâtre*. . . . . 1 »

Clytostoma. — (*Bignoniacées*).
— callistegioïdes, *Bignonia speciosa*. 1 50

Très-belle espèce à grandes fleurs bleuâtres.

Cobæa. — (*Polemoniacées*).
— scandens. . . . . 0 25 et » 50

fr. c.

Cocculus. — (*Ménispermées*).

— Carolinus. . . . . » 75

Combretum. — (*Combrétacées*).

— latifolium (C. macrophyllum). 1 50

— Pinceanum. . . . . 3 »

— purpureum, *Poivrea coccinea*. . . . . 3 »

Courge. *Voir* Cucurbita.

Cryptostegia. — (*Asclépiadées*).

— grandiflora. . . . . » 75

Cucurbita. — (*Cucurbitacées*).

— perennis, *Courge vivace*. . . . . » 75

Racine très-grosse, vivace, s'enfonçant profondément dans le sol. Tige rameuse, pouvant atteindre 8 ou 10 mètres de longueur.

Decumaria. — (*Philadelphées*).

— sarmentosa. . . . . » 75

Deeringia. — (*Amarantacées*).

— basellоïdes. . . . . » 50

Delairea. — (*Composées*).

— odorata, *Senecio scandens*. . . . . » 50

Cette plante pousse très-rapidement; ses feuilles ont la forme de celles du Lierre. En automne, dans la région méditerranéenne, elle se couvre de fleurs jaunes disposées en corymbe.

Dentelaire du Cap. *Voir* Plumbago, *page* 93.

Dioclea. — (*Légumineuses*).

— glycinoïdes, *Camptosema rubicundum*. . . . . » 75

Eugenia. — (*Myrtacées*).

— Fernambucensis. . . . . 1 »

Eustrephus. — (*Liliacées. — Asparagées*).

— angustifolius. . . . . » 75

Ficus. — (*Morées*).

— scandens, *F. stipulata*, *F. repens*. . . . . . . 0 75 et 1 »

Espèce s'attachant aux murailles, comme le Lierre, mais exigeant, dans le Nord, l'abri d'une serre.

— scandens, *Sujet à feuilles plus larges*, obtenu de boutures faites de rameaux fructifères. . . . . 1 »

Fleur de la passion. *Voir* Passiflora, *page* 92.

Gesse. *Voir* Lathyrus, *page* 92.

Glycine. — (*Légumineuses*).

— frutescens, *Wistaria frutescens*. . . . . 0 75 et 1 »

— Sinensis, *Wistaria Sinensis*, *Glycine de la Chine*. 0 75 et 1 »

Guilandina. — (*Légumineuses*).

— glabra. . . . . 1 »

Gymnema. — (*Apocynées*).

— sylvestre . . . . » 75

Haplolophium. — (*Bignoniacées*).

— echinatum . . . . 1 »

Hardenbergia. — (*Légumineuses*).

— monophylla, *Kennedya bimaculata* . . . . 1 »

— ovata, *Kennedya ovata*. . . . . 1 »

— — alba . . . . 1 »

fr. c.

Haricot Caracolle. *Voir* Phaseolus, *page* 93.

Hedera (*Araliacées*).

		fr.	c.
— Helix Algeriensis, *Lierre d'Alger* . . . . de 0 50 à		1	»
— — microphylla, *Lierre à petites feuilles* . . . de 0 50 à		1	»
— — variegata, *Lierre à feuilles panachées* . . . de 0 50 à		1	»

Heteropteris (*Malpighiacées*).

— chrysophylla (Banisteria)	2	»
— nitida.	2	»

Hexacentris (*Acanthacées*).

— coccinea.	»	75

En Algérie, dans les localités où il ne gèle pas, cette plante sert à garnir les berceaux, les façades des maisons, etc.

Hoya (*Asclépiadées*).

— carnosa, *Asclépiade charnue*	1	»
— — variegata, *Asclépiade à feuilles panachées*	1	50
— cinnamomifolia.	1	50
— fraterna.	1	50

Ipomæa (*Convolvulacées*).

— Leari	»	50

Cette espèce se couvre, durant toute l'année, d'une quantité innombrable de grandes et belles fleurs d'un bleu qui passe au violet. A Alger et dans les environs, sa rusticité la fait employer fréquemment à garnir les berceaux, les tonnelles, le pied des arbres, etc.

— Mexicana grandiflora alba.	»	50
— palmata.	1	»
— panduræformis.	1	»

Jasmin de Virginie. *Voir* Campsis radicans, *page* 89.

Jasminum. — (*Jasminées*).

— Azoricum, *Jasmin des Açores*	1	»
— Bouquetti, *J. de la Nouvelle-Calédonie*.	1	»
— dianthifolium, *J. à feuilles d'Œillet*.	1	»
— flexile.	1	»
— glaucum.	1	»
— grandiflorum, *J. d'Espagne à grandes fleurs*.	2	»
— heterophyllum	1	»
— Mauritanicum	1	»
— officinale, *Jasmin commun*.	1	»
— revolutum, *Jasmin triomphant*	1	»
— Sambac, *Mogorium Sambac, Jasmin d'Arabie*.	1	»
— — flore pleno, *Grand duc de Toscane*. . . . . . de 1 à	3	»
— trinerve.	1	»
— undulatum.	1	»
— Wallichianum	»	75

Jujubier. *Voir* Zizyphus, *page* 94.

Kennedya. — (*Legumineuses*).

— bimaculata, *Hardenbergia monophylla*.	1	»
— nigricans	1	»
— ovata, *Hardenbergia ovata*.	1	»
— — alba	1	»
— rubicunda.	1	»

Lathyrus. — (*Légumineuses*).

fr. c.

Lathyrus latifolius, *Gesse à larges feuilles, Pois vivace*. . . . » 25

Lierre. *Voir* Hedera, *page* 91.

Lonicera. — (*Caprifoliacées*).

— brachypoda, *Chèvrefeuille à court pédoncule* . . . . . . 1 »

— — aureo-reticulata . . . . 1 »

— Chinensis. . . . . 1 »

— sempervirens (L. coccinea). . . . . 1 »

— splendens . . . . 1 »

Lophospermum. — (*Scrophularinées*).

— scandens . . . . » 75

Mandevillea. — (*Apocynées*).

— suaveolens. . . . . 1 »

Charmante plante à fleurs blanches, odorantes.

Manettia. — (*Rubiacées*).

— cordata . . . . 1 »

Medeola (*Liliacées. — Asparagées*).

— asparagoïdes. . . . . » 75

Melloa. — (*Bignoniacées*).

— populifolia. . . . . 3 »

Mikania. — (*Composées*).

— fastuosa. . . . . 1 »

Mogorium. — (*Jasminées*).

— Sambac, *Jasminum Sambac, Jasmin d'Arabie*. . . . . . 1 »

— — flore pleno, *Grand duc de Toscane*. . . . . . de 1 à 3 »

Morelle. *Voir* Solanum, *page* 94.

Muehlenbeckia. — (*Polygonées*).

— varians, *Renouée à feuilles en cœur*. . . . . » 75

Murucuja. — (*Passiflorées*).

— ocellata. . . . . » 75

Oxera. — (*Verbenacées.*)

— pulchella. . . . . de 5 à 10 »

L'*Oxera pulchella* est originaire de la Nouvelle-Calédonie ; c'est un arbrisseau buissonneux, à rameaux flexibles et quelque peu volubiles. Les feuilles sont opposées, ovaliformes, luisantes, de la dimension d'une feuille de Poirier. Les fleurs sont très-nombreuses, assez grandes, à corolle monopétale irrégulière, d'une blancheur extrême ; elles naissent sur toute l'étendue des rameaux, quelle que soit leur longueur, et elles sont réunies par groupes compacts à l'aisselle des feuilles. A notre Jardin du Hamma, il existe, en pleine terre, plusieurs pieds de cette plante qui ont de 1 m 50 à 2 m. de haut sur environ 2 mètres de diamètre ; quand ces buissons se mettent à fleur, dans le courant de l'hiver, il n'est pas possible de voir une plus jolie floraison. Bien que déjà ancienne et décrite en 1824 par La Billardière, l'*Oaera pulchella* est encore peu connue des amateurs. Dans le nord de la France, cet arbrisseau demandera sans doute l'abri d'une serre tempérée.

Pæderia. — (*Rubiacées*).

— fœtida. . . . . 1 »

Pandorea — (*Bignoniacées*).

— jasminoïdes, *Tecoma jasminoïdes*. . . . . 1 »

Passiflora. — (*Passiflorées*), *Fleur de la Passion*. . de 0 75 à 1 50

— Brasiliensis.

— cœrulea.

— filamentosa.

— hetero phylla.

— holosericea.

— Impératrice Eugénie.

fr. c.

Passiflora Kermesina.
— laurifolia.
— limbata.
— longifolia.
— Loudonii.
— lunata.
— minima.
— princeps, (P. racemosa.)
— suberosa.

Les *Passiflores* sont des plantes grimpantes qui croissent avec une vigueur extrême ; la plupart des espèces ou des variétés sont très-rustiques en Algérie; quelques-unes servent à couvrir des berceaux, des tonnelles, etc.

Periploca. — (*Asclépiadées.*)
— Græca . . . . » 50

Petræa. — (*Verbénacées*)
— volubilis. . . . . 1 »

Très-jolie plante à fleurs bleues.

Phædranthus. — (*Bignoniacées.*)
— Lindleyanus. . . . . de 2 à 3 »

Cette Bignoniacée est certainement l'une des plus vigoureuses que nous connaissions dans nos cultures, et aussi l'une des plus jolies par la beauté et l'abondance de ses fleurs, longues de 0 m. 07 à 0 m. 08 et d'une couleur rouge pourpre violacé.

Phaseolus. — (*Légumineuses*).
— Caracalla, *Haricot Caracolle*. . . . . de 1 à 2 »

Physianthus. *Voir* Araujq, *page* 88.

Pithecoctemium. —(*Bignoniacées*).
— muricatum, *Bignone hérissée*. . . . . 1 »

Plumbago.— (*Plombaginées*).
— Capensis, *Dentelaire du Cap à fleurs bleues*. . .de 0 75 à 1 »

Pois vivace. *Voir* Lathyrus, *page* 9..

Poivrea (*Combrétacées*).
— coccinea, *Combretum purpureum*. . . . . 3 »

Quisqualis.— (*Combrétacées*).
— Indica. . . . . 1 »

Rhus.— (*Térébenthacées*).
— radicans, *Sumac grimpant*. . . . . » 75

Plante très-vénéneuse, même au simple toucher des feuilles.

Rhynchospermum. — (*Apocynées*).
— jasminoïdes . . . . de 1 à 2 »

Charmant arbrisseau qui se couvre de petites fleurs blanches très-odorantes et réunies par bouquets.

Rosa, *Rosier*. — (*Rosacées*).
— *sempervirens*. Félicité Perpétue. . . . . 0 50 et » 75

Fleur moyenne, pleine ; blanc légèrement carné.

— *multiflora*. De la Grifferaie. . . . . 0 50 et » 75

Fleur grande, presque pleine ; pourpre carminé strié.

— — Laure Davoust. . . . . 0 50 et » 75

Fleur petite, pleine; blanc carné vif.

— — tricolore. . . . . 0 50 et » 75

Fleur moyenne, pleine ; rose liseré blanc.

— *rubifolia*. Beauté des prairies. . . . . 0 50 et » 75

Fleur moyenne, pleine; rose violacé.

fr. c.

Rosa Belle de Baltimore. . . . . 0 50 et » 75

Fleur moyenne ou petite ; blanc légèrement carné.

Rubus. — (*Rosacées*).
— fruticosus, *Ronce commune*. . . . . » 25

Salsepareille. *Voir* Smilax.

Sechium. — (*Cucurbitacées*).
— edule, *Chayotte*. . . . . » 25

Cette Cucurbitacée à fruits comestibles couvre de grandes étendues dans les parties chaudes de l'Algérie.

Smilax. — (*Liliacées.* — *Asparagées*).
— Salsaparilla, *Salsepareille officinale*. . . . . 1 »

Solanum. — (*Solanées*).
— jasminoïdes, *Morelle à feuilles de Jasmin* . . . . » 75

Une grande partie de l'année, cette espèce se couvre de fleurs blanches réunies en bouquets.

— — foliis variegatis . . . . 1 »

Sollya. *Voir* Billardiera, *page* 88.

Sphærostemma. — (*Schizandrées*).
— propinquum . . . . 1 »

Stephanotis. — (*Asclépiadées*).
— floribunda. 1 25

Stigmaphyllon. — (*Malpighiacées*).
— ciliatum, *Banisteria ciliata*. . . . . 1 »

Sumac grimpant. *Voir* Rhus radicans, *page* 93. »

Tacsonia. — (*Passiflorées*).
— ignea. . . . . » 75
— manicata. . . . . » 75

Les *Tacsonia* sont des plantes très-vigoureuses et à jolies fleurs bleues et rouges. Elles peuvent se cultiver en pleine terre dans l'Europe méridionale.

Tecoma. *Voir* Campsis, *page* 89, Pandorea, *page*, 92, *et* Tecomaria.

Tecomaria. — (*Bignoniacées*).
— Capensis, (*Tecoma*) . . . . 1 »

Thunbergia. — (*Acanthacées*).
— grandiflora . . . . 1 »

Tropæolum. — (*Tropæolées*).
— pentaphyllum , *Chymocarpus pentaphyllus*, *Capucine à cinq feuilles*. . . . . » 50

Tylophora. — (*Asclépiadées*).
— lutescens. . . . . » 75

Vanilla. — (*Orchidées*).
— planifolia, *Vanillier*. . . . . 2 »

Le *Vanillier* est une plante à tige grimpante qui réclame, pour se bien développer, d'être tenue en serre, en hiver comme en été, même sous le climat de l'Algérie.

Wistaria. — (*Légumineuses*).
— frutescens, *Glycine frutescens*. . . . . 0 75 et 1 »
— Sinensis, *Gl. sinensis*, *Gl. de Chine*. . . . . 0 75 et 1 »

Zizyphus. — (*Rhamnées*) volubilis, (Berchemia). . . . . . . 1 »

PLANTES GRASSES.

I. MONOCOTYLÉDONÉES.

Amaryllidées.

	fr. c.
Agave Americana (*Improprement appelée Aloès*)	de 0 25 à 5 »
Voir aussi Plants pour haies, *page* 84.	
— — variegata	de 0 25 à 5 »
— — — striata	de 0 50 à 5 »
— angustifolia	de 1 » à 2 »
— applanata	de 1 » à 2 »
— cantala	de 5 » à 10 »
— coccinea	*fort* 50 »
— fœtida. *Voir* Fourcroya gigantea, *page* 96.	
— filifera	de 2 » à 5 »
— — longifolia	de 2 » à 5 »
— flaccida	de 2 » à 5 »
— geminiflora, *Bonaparta juncea*	1 »
	La douzaine, 10 »
— heteracantha cœrulescens	de 2 » à 3 »
— — univittata	de 4 » à 10 »
— Houlletiana	de 5 » à 10 »
— Ixtly	de 3 » à 6 »
— laxa. *var.* densispina	de 3 » à 6 »
— — Rumphii	de 3 » à 6 »
— macracantha nigrispina	de 10 » à 20 »
— Mexicana	de 0 50 à 5 »
Voir aussi Plants pour haies, *page* 84.	
— — picta	de 1 » à 5 »
— micracantha	de 1 » à 2 »
— pugioniformis	de 2 » à 3 »
— rigida, *Fourcroya rigida*	de 2 » à 3 »
— Salmiana	de 2 » à 4 »
— — latifolia	de 2 » à 4 »
— scabra	de 3 » à 5 »
— Scolymus	10 »
— sobolifera lætevirens	de 1 » à 2 »
— univittata	de 2 » à 4 »
— Verschaffelti, *var.* heterodon	5 »
— Xalapensis	de 3 » à 4 »
— xylinacantha	de 2 » à 4 »
— yuccæfolia	de 1 » à 2 »

		fr.	c.
Fourcroya gigantea, *Agave fœtida*	*La douzaine.*	20	»
	Sujets plus forts. La pièce,	2	»
	— *plus forts*	3	»
Roezlia regia		2	»

Liliacées.

		fr.	c.
Aloe Abyssinica		1	»
— albo-cincta		2	»
— brevifolia		»	50
— ciliaris		»	50
— Commelini		1	»
— echinata		»	75
— fruticosa	de 0,50 à	1	»
— glauca		1	»
— grandidentata		1	»
— incurva		1	»
— macra, *Lomatophyllum macrum*	de 0,50 à	1	»
— obscura		1	»
— perfoliata		1	»
— plicatilis, *Rhipidodendron distichum*	de 2 » à	3	»
— rhodacantha	de 1 » à	2	»
— Soccotrina (*A. Succotrin*)	de 2 » à	4	»

L'*Aloès Succotrin* possède une propriété dont la connaissance mériterait d'être plus répandue : ses feuilles contiennent un suc visqueux très-épais et abondant qui, appliqué immédiatement sur les brûlures, puis renouvelé deux ou trois fois par jour pendant quelque temps, arrête l'inflammation et empêche même souvent les ulcérations de se produire.

		fr.	c.
— spicata	de 0 50 à	1	»
— tenuifolia	de 0 50 à	1	»
— tuberculata	de 0 50 à	1	»
— umbellata	de 0 50 à	1	»
— — foliis variegatis	de 0 75 à	1	25
— virens		»	75
— vulgaris (A. Barbadensis)		»	75

Section des Apicra
(de 0.50 à 1 fr.)

Aloe humilis.
— imbricata.
— pentagona.
— rigida.
— spiralis.
— spirella.

Section des Gasteria
(de 0.50 à 1 fr.)

Aloe acinacifolia.
— angulata.
— brachyphylla
— ensifolia.
— excavata.
— intermedia.
— lingua.
— linguiformis.
— maculata (A. pulchra).
— nigricans.
— obtusifolia.
— pulchra.
— sulcata.
— verrucosa.

Section des Haworthia
(de 0.50 à 1 fr.)

Aloe arachnoïdes.
— atrovirens.
— attenuata.
— coarctata.
— cymbiformis.
— granata.
— hybrida.
— margaritifera.
— papillosa.
— parva.
— radula.
— retusa.
— setosa.
— subulata.
— tortuosa.
— viscosa.

	fr. c.
Anthericum frutescens	» 50
Lomatophyllum macrum, *Aloe macra*.	de 0 50 à 1 »
Rhipidodendron distichum, *Aloe plicatilis* . . .	de 2 » à 3 »

II. DICOTYLÉDONÉES.

ASCLÉPIADÉES.

Stapelia grandiflora.	de 0 50 à 1 »
— Gussoniana (S. Europæa).	de 0 50 à 1 »

CACTÉES.

Cereus (Cierge) acutangulus	1 »
— Baxaniensis.	» 50
— candicans.	de 0 75 à 1 50
— cinerascens	de 0 75 à 1 50

		fr.	c.
Cereus cœrulescens		1	50
— colubrinus flavispinus		1	50
— eburneus		2	»
— Ehrembergii	de 0 50 à	1	»
— eriophorus	de 0 50 à	1	»
— gemmatus		1	50
— geometrizans		2	50
— grandiflorus	de 0 75 à	1	50
— inermis	de 0 50 à	1	50
— Jamacaru		2	»
— lanuginosus	de 1 » à	1	50
— lividus		1	50
— Martianus		1	»
— Martini		1	»
— Meynardii	de 0 50 à	1	»
— monstruosus (Peruvianus. *Var.*)		1	»
— multangularis		1	»
— nycticalus	de 0 50 à	1	»
— Ocamponis		1	50
— Paxtonianus	de 0 50 à	1	»
— pellucidus	de 0 50 à	1	»
— pentagonus		1	50
— pentalophus	de 0 50 à	1	»
— — leptacanthus		2	»
— Peruvianus	de 0 50 à	1	»
— — monstruosus		1	»
— platygonus		»	75
— polytychus		1	»
— pterogonus		1	»
— Ræmeri		»	50
— repandus		1	»
— rostratus	de 0 50 à	1	»
— serpentinus	de 0 50 à	1	»
— setaceus	de 0 50 à	1	»
— speciosissimus	de 0 50 à	1	»
— strictus		1	»
— strigosus		1	»
— tortuosus		»	75
— triangularis (Napoleonis)	de 0 50 à	1	»
— triqueter	de 0 50 à	1	»
— Tweediei		1	»
— undatus		1	»
— variabilis (quadrangularis)	0 75 et	1	»
Clierge, *Cereus*		5	»
Echinocactus gladiatus	de 2 à	3	»
Echinopsis Eyriesii	de 0 50 à	1	»
— Fischeri	de 0 50 à	1	»
— multiplex	de 0 50 à	1	»
— oxygona	de 0 50 à	1	»
— Schelhasii	de 0 50 à	1	»
— turbinata	de 0 50 à	1	»

	fr. c.
Echinopsis, Zuccariniana. . . . . de 0 50 à	1 »
— valida. . . . . de 0 50 à	1 »
Figue de Barbarie. *Voir* Opuntia Ficus Indica	
— **d'Inde**, — — — —	
Lepismium commune. . . . . de 0 50 à	1 »
Mamillaria cirrhifera. . . . . de 0 50 à	1 »
— — angularis. . . . . de 0 50 à	1 »
— — subangularis . . . . de 0 50 à	1 »
— Forsteri. . . . . de 0 50 à	1 »
— gracilis. 0 25 et	» 50
— macromeris. . . . . de 2 » à	3 »
— macrothele . . . . de 0 50 à	1 »
— Neumanniana. . . . . de 0 50 à	1 »
— polyedra . . . . de 0 50 à	1 »
— pusilla . . . . de 0 40 à	» 75
— simplex. 0 75 et	1 »
— tenuis . . . . de 0 50 à	1 »
— vetula . . . . 0 50 et	» 75
— Wildiana . . . . 0 25 et	» 50
Opuntia (*Nopal*).	
— aurantiaca. . . . . 0 75 et	1 »
— Brasiliensis. . . . . de 0 50 à	1 »
— coccinellifera, *Nopal à cochenille*. . . . . . . de 0 50 à	1 »
Voir aussi Plants pour haies, *page* 84.	
— corrugata. . . . . de 0 50 à	1 »
— crassa. . . . . 0 25 et	» 50
— cylindrica.	» 50
— decipiens. . . . . de 0 50 à	1 »
— decumana (elongata).	» 70
— decumbens. . . . . de 0 50 à	1 »
— elata. de 0 50 à	1 »
— elongata (decumana)	» 75
— Engelmannii	» 50
— erubescens	» 75
— ferox. . . . . de 1 à	2 »
— Ficus indica, *Nopal, Figue d'Inde, Figue de Barbarie*, de 0 25 à	1 »
— — à fruits blancs. . . . . de 0 25 à	1 »
— — — jaunes . . . . de 0 25 à	1 »
— — — rouges. . . . . de 0 25 à	1 »
— foliosa.	1 »
— fulvispina.	1 »
— glaucophylla	1 »
— glomerata	1 »
— grandis . . . . de 0 50 à	1 »
— hystricina.	1 »
— imbricata.	1 »
— inermis . . . . de 1 » à	2 »
— — rosea	1 »
— Labouretiana.	1 »
— Lemaireana	1 »

		fr.	c.
Opuntia leptocaulis.	de 0 50 à	1	»
— leucotricha, *Nopal à poils blancs*.	de 0 50 à	1	»
— maxima.		1	»
— Missouriensis.		1	»
— nigricans.	de 1 » à	2	»
— ovata.	de 0 50 à	2	»
— Piccolomiana		1	»
— platyacantha		1	»
— polyantha.		1	»
— pseudo-Tuna.	de 0 50 à	1	»
— retrospinosa.		1	»
— Salmiana.	de 0 50 à	1	»
— sericea.		1	»
— spinosissima.		1	»
— stricta.		1	»
— Todareana.		1	»
— tomentosa	de 0 50 à	1	»
— triacantha.		1	»
— Tuna.	de 0 50 à	1	»
— tunicata	de 0 50 à	1	»
— — rosea.	de 0 50 à	1	»
— Turpini.		1	»
— vaginata.		»	50
Pereskia Bleo.	de 0 50 à	1	»
— grandifolia (P. grandiflora).	de 0 50 à	1	»
— spathulata.	de 0 50 à	1	»
Phyllocactus crenatus.	de 0 50 à	1	»
— gracilis.	de 0 50 à	1	»
— Guyanensis.	de 0 50 à	1	»
Rhipsalis Cassytha.		»	50
— crispata.		»	50
— funalis.		»	50
— mesembrianthemoïdes.		»	50
— paradoxa.		»	50
— platycarpa.		»	50
— rhombea		»	50
— Saglionis.		»	50
— stricta.		»	50
— Swartziana.		»	50
— trigona.		»	50

COMPOSÉES.

Kleinia (Cacalia).	de 0 50 à	1	»
— anteuphorbium.	de 0 50 à	1	»
— articulata.	de 0 50 à	1	»
— ficoïdes.	de 0 50 à	1	»
— Haworthii (K. canescens, tomentosa). . . .	de 0 50 à	1	»
— neriifolia.	de 0 50 à	1	»

	fr. c.
Kleinia odora	de 0 50 à 1 »
— repens	de 0 50 à 1 »

CRASSULACÉES.

Bryophyllum calycinum	de 0'50 à 1 »
Calanchoe (Kalankoe) crenata	» 75
— pinnata	» 75
Cotyledon orbiculatum	de 0 50 à 1 »
Crassula arborescens	0 50 et » 75
— lactea	0 50 et » 75
— orbicularis	0 50 et » 75
— perfossa	0 50 et » 75
— spathulata (lucida)	0 50 et » 75
— tetragona	0 50 et » 75
Diotostemon Hookeri	» 50
Echeveria coccinea	0 50 et » 75
— racemosa	0 50 et » 75
Joubarbe. *Voir* Sempervivum.	
Rochea falcata	0 50 et » 75
— perfoliata	0 50 et » 75
Sedum multiceps	0 25 et » 50
— nudum	0 25 et » 50
Sempervivum, *Joubarbe.*	
— arboreum	0 50 et » 75
— — atropurpureum	0 50 et » 75
— balsamiferum	0 50 et » 75
— Haworthianum	0 50 et » 70
— tectorum	0 25 et » 50
— — calcareum	0 25 et » 50

EUPHORBIACÉES.

Euphorbia anacantha	2 »
— Breoni	de 0 75 à 1 25
— Canariensis	de 1 » à 1 50
— Caput-Medusæ	1 »
— cœrulescens	1 »
— grandidentata	1 »
— neriifolia	1 »
— octogona	de 1 » à 2 »
— officinarum	de 1 » à 2 »
— pendula	0 75 et 1 »
— splendens	0 75 et 1 »
— Tirucalli	de 1 à 2 »
— xylophylloïdes	de 0,50 à 1 »
Pedilanthus pacifolius	1 »

6.

FICOIDÉES

	fr.	c.
Mesembrianthemum, *Ficoide*	»	25
— *Pour toutes les espèces rampantes, boutures non enracinées, Le cent,*	10	»
— — — — *boutures enracinées. Le cent,*	15	»

— acinaciforme, *rampant.*
— acutum, *rampant.*
— æquilaterale.
— atriplicifolium.
— barbatum.
— blandum.
— edule, *rampant.*
— falciforme.
— formosum.
— glaucum.
— muricatum.
— nodiflorum.
— perfoliatum.
— rigidicaule.
— umbellatum.
— uncinatum.

En Algérie, dans le midi de la France, en Italie, en Espagne et en Portugal, les *Ficoïdes*, dont les fleurs offrent une grande variété de couleurs, peuvent se cultiver avantageusement en pleine terre; elles forment de très-jolies bordures. Les espèces rampantes sont employées à garnir les talus, les rochers, etc.

PORTULACÉES.

Talinum fruticosum . . . . 1 »

PLANTES HERBACÉES VIVACES

DE PLEINE TERRE.

(Même sous le climat de Paris.)

	fr.	c.
Acanthus mollis	»	25
— spinosus	»	25
Achillea rosea, *Millefeuille rose*	»	25
— semipectinata	»	25
Anemone Japonica	»	25
— — hybrida	»	25
Arundo Donax, *Roseau à quenouille*	»	25
Le cent,	12	»
— — variegata. *R. à feuilles panachées*	»	40
Le cent,	30	»
— Mauritanica, *Roseau d'Afrique*	»	25
Le cent,	12	»
Aster Novæ-Angliæ	»	25
— rubicundus	»	25
— spectabilis	»	25
— versicolor	»	25
Campanula urticæfolia	»	25
Chelone barbata	»	25
Chrysanthemum Indicum, *Pyrethrum Indicum*. . . *La pièce,*	»	25
Le cent,	20	»

1°. — *Chrysanthèmes à grandes fleurs.*

— Alexandre Dalons.
Rouge brique et jaune.

— Cardinal de Polignac.
Jaune, centre doré.

— Constantin.
Rouge cocciné, pointe dorée.

— Général Négrier.
Jaune doré.

— Genius.
Mordoré.

— Henri Heyne.
Couleur de chair.

— Kléber.
Rose cuivré.

— Louise.
Blanc pur.

— Madame Bernard.
Rose clair.

— — de Fleuriau.
Blanc lilacé.

— — Pertuzès.
Lilas purpurin.

— Mademoiselle de Voisins.
Beau blanc.

— Nec plus ultra.
Rose carné.

— Paul I.
Lilas nuancé de blanc.

— Remus.
Rouge brique.

— Ruyter.
Rose, revers carné.

— Ruth.
Jaune rouille.

— Sémiramis.
Rouge cocciné.

— Sixte-Quint.
Rouge saumoné.

— Temple de Salomon
Beau jaune.

— Virginie.
Blanc pur.

2°. — *Chrysanthèmes Grandes Reines-Marguerites.*

— Gluck.
Jaune rouille.

— Madame Godereau.
Blanc glacé de rose.

3°. — *Chrysanthèmes à moyennes fleurs.*

— Arabelle.
Blanc rose, bombé.

— Bijou de Toulouse.
Saumoné, centre jaune.

— Bob.
Cramoisi brun.

— Commandant Falcon.
Rose cuivreux, centre jaune.

— Fastigonso.
Blanc rosé, un peu tardif.

— Général Romarino.
Rouge métallique.

— Lieutenant Aristide Gardelle.
Acajou métallique, centre jonquille.

— Madame de Perpessac.
Rose lilacé, centre carné.

— — Polycarpe.
Jaune nankin.

— — St-Cyr de Barrau.
Capucine, éclairé de jaune,

— Mademoiselle Olympe de Cambières.
Jaune et rouge.

— OEdipe.
Rose purpurin.

4°. — *Chrysanthèmes alvéolés.*

— Farfailla.
Ventre de biche et jaune cuivreux.

— Madame A. Dutour.
Blanc crème, un peu rosé après l'épanouissement.

Madame de Montal.

— Révérend père Albert.
Amarante.

5°. — *Chrysanthèmes à forme de Renoncule.*

— Adonis.
Rose.

— Amélie Dutour.
Carné teinté de jaune.

— Baronne de Baulat.
Rose lilacé, blanc rosé au centre.

— Blanche Doussain.
Blanc lavé de rose.

— Bouquet de renoncules.
Blanc rosé.

— Colette.
Beau lilas.

— Crécelle.
Cannelle.

— Dame Blanche.
Blanc rose fimbrié.

— Fantaisie.
Rouge brique.

— Faust.
Jaune d'or.

— Fiametta.
Blanc pur.

— Figaro.
Rouille mélangée de rouge mat.

— Filleto.
Blanc crème.

— Inès.
Blanc.

— Jacques de Baulat.
Jaune rosé.

— Jean Conte.
Jaune jonquille, circonférence ambrée.

— Jean-Jacques Mulé.
Jonquille, à reflets dorés.

— Joseph Lagravère.
Rouge-brun, à reflets cramoisis.

— Julie Langlade.
Blanc crème.

— La Fiancée.
Blanc pur, très-beau.

— La Gitana.
Blanc rosé, très-beau.

— Le rouge.
Cramoisi brun, onglets jaunes.

— Madame Alexandre de Bermond.
Brique, nuancé de jaune.

— — Benoist.
Rose vineux, revers rose clair à points jaune d'or.

Madame de Falguerolles.
Rose tendre.

— — de Marsac.
Jaune.

— — Edouard Vida
Buffle à centre jaune.

— — Edouard Vergues.
Violet amarante.

— — Houlès.
Lilas purpurin.

— — Joséphine Granié.
Blanc rosé, veiné de lilas

— — Jules de Varennes.
Blanc d'argent à revers lie de vin

— — La comtesse de Donos.
Blanc lilacé.

— — Lemichez.
Rose, centre un peu foncé

— — Léon Prat.
Jaune d'or.

— — Lucile Lallemand.
Rose lilas.

— — Martin.
Blanc lilacé.

— — Ménière.
Blanc rose fimbrié.

— — Paul Sol.
Blanc crème à reflets nacrés.

— — Saturnin Vidal.
Rouge cramoisi brillant, à onglet jaune.

— Mademoiselle Eulalie Laye.
Blanc glacé de rose.

— — Ida Sayssinel.
Rose vif.

— — Léonie Vidès.
Blanc crème, à pointes jaunes, passant au rose à la circonférence.

— — Marie Lacombe.
Blanc légèrement rosé diaphane.

— — Marie Schwab.
Blanc moiré.

— Orizaba.

Fond jaune lavé de brique.

— Président Decaisne.

Amarante clair lilacé.

— Princesse Mathilde.

Blanc lilacé.

— Rigolo.

Blanc crème lilacé.

— Thétis.

Jaune jonquille.

— Tite-Live.

Coccinė, ligné de jaune.

—* Uranie.

Amarante, strié de blanc.

— Vicomtesse de Caumont.

Jaune et rouge mélangés, à grand effet.

6°. — *Chrysanthèmes à forme de Matricaire.*

— Capitaine Detrie.

Blanc pur bordé de carmin, fond jaune.

— Cécile Lallemant.

Blanc lavé de lilas.

— Evangéline.

Jaune minéral.

— Madame L. Faure.

Jaune terne, revers rouges.

— — Louise Mazères.

Blanc rosé, pointes lilas.

— Mademoiselle Adrienne Seureau.

Blanc pur, centre citron.

— — Alice Petit.

Blanc soufré.

— — Laroche.

Blanc bordé de rose.

— — Marie de Boulat.

Blanc lilacé.

— Marquise de Castelbajac.

Brique, onglets jaunes.

— Petit Arlequin.

Jaune de Naples, revers rouges.

---

		fr. c.
Clematis integrifolia		» 25
— tubulosa		» 25
Croix de Jérusalem. *Voir* Lychnis, *page* 107.		
Dracocephalum. *Voir* Physostegia, *page* 107.		
Ephémère. *Voir* Tradescantia, *page* 108.		
Gaura Lindheimerii		» 25
Gesse. *Voir* Lathyrus, *page* 107.		
Gynerium argenteum	de 1 à	2 »
— — Bertini	de 1 à	2 »

Belle Graminée, connue sous le nom d'*Herbe des Pampas.* On doit la cultiver isolement sur les pelouses, dont elle fait le plus bel ornement, soit par son feuillage, soit par ses jolis panaches.

	fr. c.
Helianthus orgyalis, *Soleil élevé*	» 25
Hemerocallis flava.	» 25
— fulva	» 25
— Kwansoe.	» 75
— — foliis variegatis.	1 »
Hibiscus (*Ketmie*) militaris.	» 25
— — Virginicus.	» 25
Iberis sempervirens, *Thlaspi vivace*.	» 25
Ketmie. *Voir* Hibiscus.	
Lathyrus latifolius, *Gesse à larges feuilles, Pois vivace*. . . .	» 25
Lychnis Chalcedonica, *Croix de Jérusalem*.	» 25
Mentha rotundifolia, foliis variegatis.	» 20
Millefeuille. *Voir* Achillea, *page* 103.	
Œnothera speciosa, *Onagre élegante*.	» 25
Onagre, *Œnothera*.	
Oxalis corniculata purpurea.	» 15
Pennisetum longistylum.	» 15
Pour bordures. *Le cent*,	3 »

Le *Pennisetum longistylum* est une Graminée fort élégante par son port et ses nombreux épis soyeux et blanchâtres. Elle est vivace et très-rustique dans la région méditerranéenne. En Algérie, on l'emploie, dans les grands jardins, à former des bordures; sous le climat de Paris, on la cultive par groupes isolés sur les pelouses, où elle produit l'effet le plus joli ; mais, comme elle est originaire de l'Abyssinie, elle réclame pendant l'hiver une couverture de litière ou de feuilles. La plante s'élève de 0 m. 50 à 0 m. 70

Pentstemon campanulatum.	» 25
— digitale	» 25
Persicaire. *Voir* Polygonum.	
Phalaris arundinacea picta.	» 15

Petit roseau à feuilles rubanées.

Phlomis tuberosa.	» 25
Physostegia imbricata, *Dracocephalum Louisianum*.	» 25
Pigamon. *Voir* Thalictrum.	
Pois vivace. *Voir* Lathyrus.	
Polygonum cuspidatum, *Persicaire à feuilles cuspidées*. . . .	» 25

Plante à port très-élégant, touffue, buissonnante, atteignant de 1 m. 50 à 2 m. de hauteur sur une largeur égale. — Fleurs blanches en petites grappes axillaires, en automne. — Très-rustique ; à cultiver isolément sur les pelouses.

Pyrethrum Indicum. *Voir* Chrysanthemum, *page* 103.	
Ranunculus acris, fl. pl., *Renoncule bouton d'or*.	» 25
Roseau. *Voir* Arundo, *page* 103.	
Saxifraga crassifolia.	» 25
— tomentosa	» 15

Propre à garnir les rocailles humides.

Soleil. *Voir* Helianthus.	
Spiræa Ulmaria.	» 25
Tanacetum (*Tanaisie*) vulgare crispum.	» 25
Thalictrum (Pigamon) aquilegifolium.	» 25
— glaucum.	» 25
Thlaspi. *Voir* Iberis.	
Tournefortia heliotropioïdes.	» 25

fr. c.

Cette plante a beaucoup d'analogie avec l'*Héliotrope*; on peut l'utiliser pour bordures dans les grandes propriétés. Elle craint la gelée dans le nord de la France.

Tradescantia (*Ephémère*) Virginica. . . . . » 25
Veronica excelsa. . . . . » 25
Viola longipedunculata . . . . » 25
— odorata, *Violette ordinaire* . . . . » 15
— Parmensis, *Violette de Parme*. . . . . » 25

PLANTES AQUATIQUES VIVACES.

Aponogeton distachyum. 0 40
Le cent, 35 »

Durant une partie de l'année, cette charmante plante couvre de ses feuilles et de ses jolies petites fleurs blanches et odorantes, les eaux des bassins, des lacs et des rivières. Sous le climat de Paris, elle passe l'hiver dehors, à la condition d'être recouverte de 0 m. 40 d'eau.

Cyperus alternifolius. 0 60
— — foliis variegatis . . . . de 1 à 2 »
— asperifolius . . . . » 60
— Papyrus, *Papyrus des Anciens*, *Souchet à papier*, de 1 à 2 »

Le *Papyrus* sert à garnir les bassins et les pièces d'eau; en outre, on l'emploie très-avantageusement à former des massifs d'une rare beauté. Vers le milieu de mai, on peut livrer les plantes à la pleine terre, qui doit être légère et recouverte, après la plantation, d'un épais paillis. Des arrosages fréquents, renouvelés trois fois par semaine, sont nécessaires si l'on veut obtenir une riche végétation. Le *Papyrus* ne supporterait pas les rigueurs de l'hiver sous le climat de Paris; il lui faut alors l'abri d'une bonne serre tempérée, dans laquelle on le rentre dans la première quinzaine d'octobre.

Houthuynia cordata. » 50
Jussiæa grandiflora. . . . . » 50
Limnocharis Humboldtii . . . . de 0 50 à 1 »
Nelumbium luteum. 1 50
— speciosum. 1 50
— — rubrum, flore pleno. . . . . 4 »

Les *Nelumbium* sont des plantes d'une rare beauté, appartenant à la famille des Nymphæacées. Elles sont assez rustiques pour qu'on puisse les employer à l'ornementation des pièces d'eau des régions tempérées et chaudes de notre pays. En Algérie, elles croissent avec une rapidité extraordinaire.

Nymphæa alba, *Nénuphar blanc*. . . . . 1 »
Panicum (*Panis*) plicatum. . . . . » 50
Papyrus. *Voir* Cyperus.
Pontederia cordata. » 50
Richardia Æthiopica, *Calla Æthiopica*. . . . . . . 0 50 et » 75
Souchet. *Voir* Cyperus.
Thalia dealbata. . . . . » 75

PLANTES BULBEUSES ET A RHIZOMES.

	fr. c.
Agapanthus minor, fol. var. . . . . de 0 50 à	1 »
— umbellatus.	» 50
Albuca minor.	» 50
Alpinia (Globba) nutans. . . . . de 1 » à	2 »
Voir aussi page 17.	
Alstrœmeria pelegrina.	» 30
— psittacina.	» 30
Amaryllis Belladona.	» 50
Le cent,	35 »
— — blanda	» 50
— formosissima, *Lis St-Jacques*.	» 35
— longifolia, *Crinum Capense*. . . . . de 0 75 à	2 »
— lutea (Sternbergia)	» 15
— purpurea (Vallota)	1 »
— reginæ	1 »
— vittata. . . . . de 1 » à	2 »
— — Napoléon III.	15 »
Amorphophallus Rivieri. (*Voir aussi page* 76) . de 1 » à	8 »
Anémone coronaria, *Anémone des fleuristes*.	
à fleurs pleines, *variées*.	» 10
Anomatheca xanthospila, *Gladiolus xanthospilus*.	» 10
Antholiza Æthiopica.	» 25
Le cent,	20 »
— Meriana.	» 25
— præalta.	» 25
— præcox	» 25
Arum. *Voir* Dracunculus, *page* 110.	
Arundo Donax, *Roseau à quenouille*.	» 15
Le cent,	12 »
— — variegata, *à feuilles panachées*.	» 45
Le cent,	30 »
— Mauritanica, *Roseau d'Afrique*.	» 15
Le cent,	12 »
Babiana angustifolia.	» 15
— plicata	» 15
Balisier. *Voir* Canna.	
Belladone. *Voir* Amaryllis.	
Bulbine semi-barbata.	» 30
Calla. *Voir* Richardia, *page* 114.	
Canna, *Balisier*.	» 30
Le cent,	20 »

— Amelia.
— Annei bicolor.
— — marginata.
— — nana.
— Annei rubra.
— — sanguinea.
— atronigricans.
— Auguste Perrier.

Canna aurantiaca splendida.
— — zebrina.
— Barilletii.
— bicolor floribunda.
— Bihorelii.
— Bonnetii.
— — semperflorens.
— Caledonis peltata.
— Chatei grandis.
— compacta.
— Député Hénon.
— discolor.
— — violacea.
— edulis.
— expansa.
— Gaboniensis,
— géant.
— gigantea.
— Hosterii.
— Houlletii.
— imperator.
— insignis.
— Jean Bart.
— Krelagei discolor.
— Lavallei.
— Lemoinei.
— Liervalii.
— — nobilis.
— macrophylla.
— Maréchal Vaillant.
— metallica.
— metallicoïdes.
— Mexicana.
— musæfolia zebrina.
— nigricans.
— Plantierii.
— purpurea.
— — hybrida.
— — spectabilis.
— Rendatlerii.
— Reewesii.
— robusta.
— rotundifolia rubra.
— rubricaulis.
— Van Houttei.
— Warscewiczioïdes.
— zebrina.
— — elegantissima.
— — nana.
— — nova.

Colchicum autumnale. . . . . » 10
— montanum. . . . . » 10
— variegatum . . . . » 10
Colocasia cucullata. . . . . » 40
— esculenta, *Colocase d'Egypte, Gouet comestible.* . . . . » 75
Le cent, 60 »
— violacea. . . . . » 60
Le cent, 50 »
Crinum Americanum. . . . . de 2 à 3 »
— Capense, *Amaryllis longifolia.* . . . . de 0 75 à 2 »
— Carreyanum, *Cr. Zeylanicum.* . . . . de 1 » à 2 »
— hybridum. . . . . de 3 » à 6 »
— Taïtense. . . . . de 3 » à 6 »
Crocus sativus, *Safran cultivé.* . . . . *Le cent,* 1 »
Cyclamen Africanum . . . . » 25
Dracunculus crinitus, *Arum crinitum* . . . . » 75
— vulgaris, *Arum Dracunculus* . . . . » 30
Eucomis regia . . . . » 50
Ferraria undulata. » 25
Fritillaria Persica. » 25
Gladiolus, *Glaïeul.*
— Colvillii. . . . . » 10
— cuspidatus. . . . . » 15
— psittacinus. . . . . » 10
— — Gandavensis. » 10

VARIÉTÉS HYBRIDES DU GLADIOLUS PSITTACINUS GANDAVENSIS.

	fr.	c.
— Danaë.	»	50
Blanc légèrement soufré; macules violettes.		
— Daphné.	»	25
Rouge cerise clair; macules carmin vif.		
— De Candolle.	»	70
Cerise clair, flammé rouge.		
— Docteur Andry.	»	30
Orange foncé.		
— Don Juan.	»	40
Orange feu; macules jaunâtres.		
— Edith.	»	20
Rose carné, panaché de rose plus foncé.		
— Eldorado.	»	30
Jaune pur, strié rouge.		
— Emma.	»	20
Carmin clair. *Variété naine.*		
— Erato.	»	25
Rose tendre, panaché de rose plus foncé.		
— Flore.	1	10
Blanc nuancé de rose lilacé; grandes macules roses.		
— Galathée.	»	25
Carné presque blanc; macules carminées.		
— Goliath.	»	20
Rouge clair, fond strié.		
— Isoline.	»	30
Carné; macules carmin.		
— James Watt.	1	»
Vermillon clair; macules blanches.		
— Jeanne d'Arc.	»	25
Blanc teinté de rose; macules violettes.		
— John Bull.	»	30
Blanc d'ivoire, légèrement soufré.		
— La Fiancée.	1	10
Blanc pur; petites macules violettes.		
— Louis Van Houtte.	»	15
Rouge éblouissant.		
— Madame de Sévigné.	»	70
Rose cerise clair; macules blanches.		
— Vilmorin.	1	»
Rose éclairé de blanc, nuancé de rose plus vif.		
— Mazeppa.	»	25
Rouge orangé, strié de rouge brique.		

fr. c.

— Monsieur Lebrun d'Albane. . . . . » 50
Vermillon ; macules violettes.

— — Vinchon. . . . . » 15
Rouge saumoné clair, panaché de blanc.

— Napoléon III. » 20
Rouge écarlate, strié de blanc.

— Némésis. . . . . » 20
Rose vif strié de blanc.

— Neptune. . . . . » 15
Rouge panaché de carmin.

— Ninon de Lenclos. . . . . » 30
Carné, panaché de rose.

— Ossian . . . . 2 »
Rose vif teinté violet, flammé carmin.

— Othello . . . . » 15
Rouge orangé clair. *Variété naine.*

— Pellonia. . . . . » 15
Rose panaché.

— Princess of Wales. . . . . » 30
Blanc flammé de rose carminé.

— Rosea perfecta 1 75
Rose teinté de violet, strié de blanc pur.

— Triomphe d'Enghien. . . . . » 15
Rouge acajou velouté. *Variété naine.*

— Victor Verdier . . . . » 40
Ecarlate très-brillant.

— Xanthospilus, *Anomatheca xanthospila*. . . . . » 10

Globba. *Voir* Alpinia, *page* 109.
Gouet. *Voir* Colocasia, *page* 110.
Hæmanthus coccineus . . . . 1 »
— puniceus . . . . » 75
Hedychium angustifolium. . . . . » 50
— flavescens. . . . . » 50
— flavum . . . . » 50
— Gardnerianum. » 50
Hyacinthus Orientalis, *Jacinthe d'Orient*. . . . . de 0 15 à » 30
Le cent, de 10 à 20 »

— Blanc clair.
— — des montagnes.
— — pur.
— — — double.
— Bleu clair simple.
— Bleu noir, bouquet étalé. .
— — pâle.
— Grand bouquet couleur chair.
— Nuancé de rose tendre.
— Rose à reflets vifs.

Hyacinthus rose long rameau.
— — simple.
— — veiné rouge.
— semi-double.

	fr. c.
Iris Chinensis, *Moræa fimbriata*	» 50
— Florentina.	» 15
— Germanica.	» 15
— Nepalensis.	» 50
— pumila	» 15
— Reichembachiana.	» 50
— scorpioïdes.	» 15
— Sisyrinchium (Moræa).	» 15
— stylosa	» 15
— Suziana.	» 50
— tuberosa.	» 15
— Xyphium.	» 15

Ixia . . . . *Le cent*, 4 »

— crocata.
— fenestrata.
— hyalina.
— — lilacina.
— lilacina.
— longiflora.
— maculata.
— tricolor (Sparaxis).

Jacinthe. *Voir* Hyacinthus.	
Lachenalia luteola.	» 25
— pendula.	» 25
Leucoïum autumnale.	» 10
Lilium candidum, *Lis blanc commun*.	» 10
— Saint-Jacques, *Amaryllis formosissima*.	» 35
Lis, *Lilium*.	
Moræa fimbriata, *Iris Chinensis*.	» 50
— Sisyrinchium (Iris).	» 15
Muscari commutatum.	» 15
— comosum	» 10
— — monstruosum, *Lilas de terre*.	» 10
— moschatum (M. ambrosiacum, M. suaveolens).	» 15
— parviflorum	» 10
Narcissus (*Narcisse*) aureus	» 10
— concolor.	» 10
— incomparabilis.	» 15
— Jonquilla flore pleno, *Jonquille double*.	» 15
— poeticus.	» 05
— polyanthos, (N. totus albus).	» 15
— subalbidus.	» 15
— Tazetta	» 10
— — flore pleno.	» 15
Ornithogalum Arabicum.	» 15
— gramineum	» 10
— montanum.	» 20
— umbellatum	» 10
Oxalis . . . . *Le cent*, de 2 à	5 »

Oxalis asinina.
— Boweana.
— cernua.
— compressa.
— fabæfolia.
— filicaulis.
— flava.
— hirta.
— lupinifolia.
— pentaphylla.
— Piottæ.
— purpurea.
— rubella.
— speciosa.
— variabilis.
— violacea.

	fr. c.
Pancratium Caribæum. . . . . de 0 75 à	1 50
— collinum.	» 75
— Illyricum.	» 60
— maritimum.	» 25
— parviflorum.	» 25
Polyanthes tuberosa, *Tubéreuse à fleurs simples*.	» 10
Le cent,	8 »
— — flore pleno, *Tub. à fleurs doubles*.	» 15
Le cent,	10 »
Ranunculus Asiaticus, *Renoncule des jardins*, *R. des fleuristes*.	» 05
Le cent,	4 50

— — aureus striatus.
— — panaché rouge.
— — pivoine rouge.
— — précieuse.
— — puniceus.
— — rouge ponceau.

Renoncule, *Ranunculus*.	
Richardia (Calla) Æthiopica. . . . . 0 50 et	» 75
— albo-maculata. . . . . de 0 75 à	2 »
Roseau. *Voir* Arundo, *page* 109.	
Safran. *Voir* Crocus, *page* 110.	
Scilla (*Scille*), anthericoïdes.	» 20
— Aristidis.	» 20
— autumnalis	» 10
— Cupaniana.	» 20
— Italica.	» 10
— lingulata.	» 10
— maritima. . . . . de 0 50 à	1 »
Le kilo,	30 »
— obtusifolia.	» 10
— parviflora.	» 10
— Peruviana.	» 20
— undulata.	» 10
Sparaxis (Ixia) tricolor. . . . . *Variés,*	» 05
Le cent,	4 »
Sternbergia (Amaryllis) lutea.	» 15
Tritoma Burchellii..	» 75
— glauca.	» 75
— Uvaria.	» 60
Tubéreuse. *Voir* Polyanthes.	
Urginæa fugax.	» 15
— Japonica	» 20

	fr. c.
Uropetalum serotinum.	» 15
Vallota (Amaryllis) purpurea.	1 »
Watsonia aletroïdes.	» 20
— augusta (W. Meriana).	» 20
— iridifolia.	» 20
— rosea.	» 20
Xanthosoma (Caladium) edule.	2 »
— nigrescens.	1 »
— sagittæfolium.	» 40
Le cent,	30 »
Zephyranthes (Amaryllis) Atamasco	» 10
— candida.	» 10

PLANTES POUR BORDURES

SPÉCIALES POUR L'ALGÉRIE ET LA ZONE MÉDITERRANÉENNE.

fr. c.

Camara. *Voir* Lantana.

Ephémère. *Voir* Tradescantia, *page* 116.

Ficoïde. *Voir* Mesembrianthemum.

Gazania speciosa. . . . . *Boutures non enracinées*. » 05
— *Le cent,* 4 50

Charmante petite plante basse à tiges rampantes, se couvrant, en Algérie, pendant une partie de l'année, de nombreux capitules de fleurs jaunes.

Grenadier nain. *Voir* Punica, *page* 116.

Herbe aux turquoises, *Voir* Ophiopogon, *page* 116.

Jasminum fruticans. . . . . » 05
Le cent, 4 50

Ce Jasmin demande à être tondu au ciseau.

Lantana Sellowiana, *Camara de Sellow*. . . . . » 50

Petit arbrisseau se couvrant, en Algérie, pendant une partie de l'année, d'une abondante floraison.

Lippia repens (L. canescens) . . . . » 15
Le cent, 10 »

Cette jolie Verbénacée, originaire de l'Algérie, est très-rustique garésiste aux grandes sécheresses. C'est une plante très-basse et et zonnante.

Mesembrianthemum, *Ficoïde*. . . . . » 25
Pour toutes les espèces rampantes, boutures non enracinées. Le cent, 10 »
— — *boutures enracinées. . Le cent,* 15 »

Mesembrianthemum acinaciforme, *rampant*.
— acutum, *rampant*.
— barbatum.
— blandum.
— cordifolium.
— edule, *rampant*.
— falciforme.
— formosum.
— glaucum.
— muricatum.
— nodiflorum.
— perfoliatum.
— rigidicaule.
— umbellatum.
— uncinatum.

Sous le climat de l'Algérie, dans le midi de la France, en Italie, en Espagne et en Portugal, les *Mesembrianthemum*, dont les fleurs offrent une grande variété de couleurs, peuvent se cultiver avantageusement en pleine terre; elles composent de très-jolies bordures. Les espèces rampantes sont employées à garnir les talus, les rochers, *etc*.

Ophiopogon Japonicum, *Herbe aux turquoises*. . . *Le cent*, 3 »

Plante vivace très-rustique en Algérie.

Orpin. *Voir* Sedum.

Pennisetum longistylum. . . . . *Le cent*, 3 »

Graminée très-rustique en Algérie et dans les régions analogues.

Phalaris arundinacea picta. . . . . *Le cent*, 3 »

Petit roseau à feuilles panachées.

Punica Granatum nanum, *Grenadier nain*. . . . . . de 0 30 à 0 50
Le cent, 30 »

Rosmarinus (*Romarin*) officinalis. . . . . *Le cent*, 3 »

Santolina chamæcyparissus . . . . *Le cent*, 3 »

— viridis. . . . . *Le cent*, 3 »

Saxifraga sarmentosa. . . . . *Le cent*, 5 »

A cultiver dans les endroits ombragés et humides.

Sedum (*Orpin*) carneum fol. varieg. . . . . *Le cent*, 3 »

Stenotaphrum Americanum. . . . . *Le cent*, 5 »

Graminée extrêmement rustique et résistante à la sécheresse; ses tiges rampent à la surface du sol : elle forme de très-beaux gazons sous le climat algérien et les climats analogues.

Tradescantia (*Ephémère*) Japonica. . . . . *Le cent*, 3 »

— zebrina. . . . . *Le cent*, 3 »

CHOIX DE VÉGÉTAUX

A EMPLOYER DANS LA DÉCORATION DES PETITS JARDINS SOUS LA ZONE ALGÉRIENNE.

I. PALMIERS.

Chamærops excelsa.
— humilis *et ses variétés*.
Cocos coronota.
— Datil.
— flexuosa.
— lapidea.
Corypha Australis.
Latania Borbonica.
Oreodoxa regia.
Phœnix dactylifera.
— Leonensis.
— Senegalensis.
Sabal Adansonii.
— Havanense.
— Palmetto.

II. ARBRES.

Acacia Julibrissin.
— leucocephala.
— longifolia.
— melanoxylon.
— trinervata.
Araucaria excelsa.
Bambusa arundinacea.
Camphora officinalis.
Casuarina equisetifolia, *et autres espèces*.
Citharexylon caudatum.
— cinereum.
— lucidum.
— quadrangulare.
— villosum.
Cordia domestica.
Erythrina Caffra.
— corallodendron.
— coralloïdes.
— cristá-galli.
— umbrosa.
Eucalyptus globulus, *et autres espèces*.
Ficus elastica.
— lævigata.
— nitida.
Ficus racemosa.
— reclinata.
— religiosa.
— Roxburghii.
— rubiginosa.
— Sycomorus.
Jacaranda mimosæfolia.
Jambosa Australis.
Juglans nigra.
Kœlreuteria paniculata.
Ligustrum Japonicum.
Magnolia grandiflora.
Melia Azedarach.
— sempervirens.
Phytolacca dioïca (Bella sombra).
Pinus longifolia.
Pittosporum undulatum.
Planera crenata.
Platanus occidentalis.
Robinia pseudo-Acacia.
Sapindus emarginatus.
— Saponaria.
Sterculia platanifolia.
Styphnolobium Japonicum.
Tamarix elegans.
Zizygium Jambolanum.

III. ARBRISSEAUX.

Abutilon Bedfordianum.
— Duc de Malakoff.
— striatum.
— Van Houttei.
— venosum.
Acacia Capensis.
— Cavenia.
— cultriformis.
— dealbata.
— Farnesiana.
— quadrangularis.
Acmena floribunda.
Anadenia (Grevillea) Manglesii.
Aphelandra tetragona.
Aralia Browni.
— leptophylla.
Arundinaria falcata.
Bambusa aurea.
— gracilis.
— mitis.
— nigra.
— viridi-glaucescens.
Beloperone Amherstiæ.
Buddleia Lindleyana.
— Madagascariensis.
Callicarpa arborea.
— macrophylla.
Callistemon lanceolatum.
— linearifolium.
— pinifolium.
— rigidum.
— rugulosum.
— speciosum.
Cassia corymbosa.
— schinifolia.
Cestrum aurantiacum.
Chænestes lanceolata.
Clerodendron Bungei.
Cycas revoluta.
Cyrtanthera carnea.
— Ghiesbreghtiana.
— magnifica.
— velutina.
Datura arborea.
— — flore pleno.
Dracæna Draco.
Duranta Ellisia.
Eranthemum elegans.
Eranthemum nervosum.
Eriocephalus aromaticus.
Erythrina Crista-galli Cottyana.
— — floribunda.
— — ruberrima.
— herbacea.
et autres espèces ou variétés.
Escallonia rubra.
Grenadier (Punica).
Grevillea Hillii.
— longifolia.
— Macleyana.
Habrothamnus corymbosus.
— elegans.
Hamelia patens.
Hibiscus liliiflorus.
— mutabilis flore pleno.
— Rosa Sinensis, *et ses variétés.*
Iochroma coccineum.
— tubulosum.
Juanulloa aurantiaca.
Justicia Adhatoda.
— quadrifida.
Lagerstrœmia Indica.
Lantana, *toutes les espèces ou variétés.*
Laurier rose.
— Tin.
Leonitis Leonurus.
Ligustrum coriaceum.
— ovalifolium.
— Sinense.
Mahonia Beali.
— Japonica.
— Nepalensis.
Malva umbellata.
Melaleuca decussata.
— ericæfolia
— hypericifolia.
Melianthus major.
Murraya exotica.
Myoporum tuberculatum.
Nerium Oleander *et toutes ses variétés.*
Oreopanax, *toutes les espèces du genre.*
Pittosporum Tobira.
— — variegatum.

Plumbago Capensis.
Poinciana Gillesii.
Poinsettia pulcherrima.
Polygala cordifolia.
— myrtifolia.
Punica Granatum flore pleno.
— — Legrellei.
Raphiolepis Indica.
— rubra.
Rondeletia speciosa.
Rosa (Rosier), *toutes ses variétés.*
Sophora littoralis.
— secundiflora.
Stenolobium (Tecoma) molle.
Stenolobium (Tecoma) stans.
Strelitzia augusta.
Tecomaria (Tecoma) Capensis
— fulva.
Teucrium fruticans.
Viburnum Awafuchii.
— suspensum.
— Tinus, *Laurier-Tin.*
Wigandia Caracasana.
— Vigieri.
Yucca aloïfolia.
— — variegata.
— Draconis.
— gloriosa *et ses variétés.*

IV. ARBUSTES.

Achyranthes acuminata.
— Lindenii.
— Verschaffelti.
Ageratum cœlestinum.
Alternanthera paronychioïdes.
Cineraria maritima.
— Petasites.
Coleus Verschaffelti *et ses variétés.*
Cuphea eminens.
Dahlia imperialis.
Hebeclinium ianthinum.
Heliotropium *et ses variétés.*
Linum trigynum.
Lotus Jacobæus.
Myoporum parvifolium.
Pelargonium; *toutes ses variétés.*
Russelia juncea.
Salvia coccinea.
— eriocalyx.
— Grahami.
— Regla.
— splendens.
Sipanea carnea.
Siphocampylus bicolor.
Statice macrophylla.
Teleianthera versicolor.

V. PLANTES HERBACÉES VIVACES.

Alpinia (Globba) nutans.
Anemone Japonica.
— — hybrida.
Gaura Lindheimeri.
Gazania speciosa.
Gynerium argenteum.
Hibiscus militaris.
— roseus.
Musa discolor.
Musa Ensete.
— ornata.
— rosacea.
— Sinensis.
— Troglodytarum.
Pyrethrum, *Chrysanthème.*
Strelitzia Reginæ.
Tournefortia heliotropoïdes.
Viola odorata.

VI. PLANTES BULBEUSES OU A RHIZOMES.

Agapanthus umbellatus.
Amaryllis Belladona.
— formosissima.
— Reginæ, *et ses variétés*.
Antholiza, *toutes les espèces*.
Arundo Donax.
— — variegata.
Canna, Balisier, *toutes les variétés*.
Crinum, *toutes les espèces*.
Colocasia esculenta.
Gladiolus, Glaïeul, *toutes les espèces et variétés*.
Hedychium, *toutes les espèces*.
Hyacinthus, Jacinthe, *toutes les variétés*.
Iris, *toutes les variétés*.
Ixia, *toutes les espèces et variétés*.
Polyanthes tuberosa, *Tubéreuse*.
Sparaxis tricolor *et ses variétés*.
Tritoma, *toutes les espèces*.

VÉGÉTAUX ALIMENTAIRES.

ARBRES FRUITIERS A FEUILLES CADUQUES.

Toutes les variétés d'arbres fruitiers à feuilles caduques ont été choisies généralement parmi les plus hâtives, comme convenant le mieux au climat algérien.

Abricotier, *Armeniaca vulgaris*. . . . . de 0 75 à 1 50

1° Variétés européennes.

— commun.
— d'Alexandrie.
— de Hollande.
— de Provence.
— de Versailles.
— du Luxembourg.
— Duval.
— gros Montgamet.
— hâtif de Sardaigne.
— Jacques.
— Luizet.
— musqué.
— pêche.
— Pourret.
— Viard.

2° Variétés arabes ou algériennes.

— Bourhalbi gros.
Fruit moyen, hâtif, à chair sèche.

— — petit.
Fruit petit, précoce.

— Boussiala.
Fruit gros, bonne qualité.

— Chachi.
Fruit moyen, précoce.

— Dmechrii.
Fruit moyen, précoce.

— Mourrha.
— Thoubatin.

Les *Abricotiers* résistent très-bien, en Algérie, à toutes les altitudes; ils exigent une terre douce, perméable, profonde, à l'abri des grands vents; les terrains humides leur sont contraires, ainsi que les irrigations abondantes, qui nuisent beaucoup à leur fructification. A Bougie, sur le versant des montagnes, on rencontre, à l'état subspontané, des *Abricotiers* qui ont une végétation dont on ne saurait se faire une idée.

Amandier, *Amygdalus communis*.

	fr. c.
Amandier à coque demi-tendre . . . . de 0 75 à	1 50
— — tendre . . . . de 1 » à	1 50

L'*Amandier* a besoin, pour prospérer, d'une terre perméable, profonde et calcaire; les terrains compactes, froids et humides ne ne lui conviennent pas. Comme sa végétation est très-précoce, il faut l'abriter des vents, particulièrement des vents d'ouest.

Amygdalus, *Amandier*.

Armeniaca. *Voir* Abricotier, *page* 121.

Avelinier. *Voir* Noisetier, *page* 124.

Azerolier, *Cratœgus Azarolus*.

— à fruits rouges . . . . de 0 60 à 1 »

— à fruits blancs . . . . de 0 60 à 1 »

Cerasus, *Cerisier*.

Cerisier, *Cerasus vulgaris* . . . . de 0 75 à 1 50

— Belle de Châtenay, *B. Magnifique*, *B. de Sceaux*.
— — de Choisy.
— — d'Orléans.
— Bigarreau à gros fruits rouges.
— — Elton.
— — hâtif.
— — Jaboulay.
— — Napoléon.
— — noir.
— — rouge.
— de Spa.
— Griotte Acher.
— Griotte du Portugal.
— — transparente.
— Guigne de fer.
— — du Nord.
— — hâtive de Werder.
— — novice.
— — précoce de Tarascon.
— Nain précoce.
— Ostheim.
— Précoce de King.
— Reine Hortense.
— Royale hâtive.

En Algérie, les *Cerisiers* ne donnent des résultats un peu satisfaisants que dans les régions élevées et les terrains qui, soit naturellement, soit au moyen d'irrigations, conservent de l'humidité durant les chaleurs de l'été. Aux expositions chaudes ou sur les terres sèches du littoral, ils ne fructifient pas, et la maladie de la gomme finit par les faire périr; aussi faut-il, dans ces conditions, éviter de les soumettre à la taille, qui aide encore au développement de la gomme.

Cognassier, *Cydonia* . . . . *Scion d'un an* . . . . . » 50
Sujets de 2 à 3 ans, de 0 75 à 1 25

— commun, *C. vulgaris*.

— à fruits longs.

— à fruits ronds.

— d'Alger.

Fruit à surface cotonneuse.

— de Mahon.

Fruit énorme, très-parfumé.

— de la Chine, *C. Sinensis*.

Fruit énorme, oblong, très-odorant, à chair sèche; excellent pour confitures.

— de Portugal, *C. Lusitanica*.

Fruit gros, jaune, luisant très-odorant.

Les *Cognassiers* peuvent se cultiver à toutes les altitudes, mais en Algérie et dans les régions analogues, ils réclament un terrain frais.

fr. c.

Corylus. *Voir* Noisetier, *page* 124.
Cydonia. *Voir* Cognassier, *page* 122.
Diospyros. *Voir* Plaqueminier, *page* 125.
Ficus, *Figuier*.
Figue Kake. *Voir* Plaqueminier, *page* 125.
Figuier comestible, *Ficus Carica*.. . . . . de 0 40 à 1 »
— Aubicon blanc.
— Bakor blanche.

Figue-fleur ou bifère indigène, très-hâtive.

— — noire.
— Barnissotte blanche.
— — noire.
— Bernardy.
— bifère blanche.

Ronde, aplatie, longuement pédonculée, très-bonne ; août.

— — de l'Archipel.
— blanche longue.
— — ovale.
— — ronde.
— Blanquette, *Marseillaise*.

Allongée, petite, blanche, très-bonne, excellente à sécher.

— Bonafoux.

Ronde, petite, noire; commenc. d'août.

— Bourjassotte noire.

Arrondie, moyenne, noir-bleuâtre, très-bonne.

— Bouteille violette.
— Buissonne, *Mouissonne noire*.

Ovale, noir-violet, fin d'août.

— — Fregerii.

Ronde, grosse, blanc-gris, excellente ; août et septembre.

— Célestine, *de Beaucaire*.

Plate, moyenne, grise; mi-août.

— Cœur des dames, *Gouache*, *Linaci*.

Demi-longue, grosse, blanche, une des meilleures variétés ; août

— Col de Sénora blanche.

Longue, moyenne, excellente, août et septembre.

— Damina.

Ronde, aplatie, moyenne, noire, très-bonne ; août.

— de Jérusalem.

Demi-longue, blanche ; septembre.

— de Porto.

Ronde, aplatie, grosse, noire, très-fertile ; mi-août.

— Franciscana.

Ronde, aplatie, moyenne, grise; mi-août.

— Franque paillarde.

Ronde, moyenne, blanche, très-bonne; fin d'août.

fr. c.

Figuier Gouache, *Cœur des dames.*
— Grosse capucine.
— Impériale.

Ronde, aplatie, grosse, blanche; septembre.

— Linaci, *Cœur des dames.*
— Marseillaise, *Blanquette.*
— Mouissonne, *Buissonne.*
— nigerrima.

Ronde, moyenne, noire.

— Poulette.

Arrondie, assez grosse, grisâtre; très-bonne à sécher.

— Quasi-blanche.
— quotidienne.

Blanche, longue, grosse; mi-août.

— Servantine blanche ordinaire.

Moyenne, ronde, bonne; fin d'août.

— Trompe-chasseur.
— Violette grosse pédonculée.
— — longue.

Le *Figuier* est l'un des végétaux que l'on rencontre le plus en Algérie, principalement dans le Tell, où il croît en abondance sur les montagnes, sur les rochers, dans les lieux arides. Les racines de l'arbre étant fortes et longues, il faut le cultiver dans une terre calcaire et profonde.

Grenadier à fruits doux, *Punica Granatum*. . . de 0 50, à 2 »

Arbrisseau rustique; il est nécessaire de l'arroser de temps à autre pendant l'été, pour en obtenir de bons et beaux fruits.

Hovenia à fruits doux, *H. dulcis*. . . . . de 1 à 1 50

Arbre originaire du Japon. Les pédoncules des fleurs se tuméfient, deviennent charnus et peuvent être mangés. — Culture en terre meuble; irrigations en été.

Juglans. *Voir* Noyer.
Jujubier cultivé, *Zizyphus vulgaris*. . . . . . . de 0 50 à » 75

Arbre rustique, épineux, traçant; il forme des haies impénétrables.

Malus. *Voir* Pommier, *page* 126.
Mespilus. *Voir* Néflier.
Morus, *Mûrier*.
Mûrier à fruits noirs, *Morus nigra*. . . . . de 0 75 à 1 50
— à fruits rouges, *Morus rubra*. . . . . 0 75 et 1 »
Néflier commun, *Mespilus Germanica*.
— — à gros fruits. . . . . » 75
— — à fruits monstrueux. . . . . » 75
Noisetier Avelinier, *Corylus Avellana* . . . . » 50

En Algérie et dans les régions analogues, le *Noisetier* demande à être cultivé dans des endroits frais, élevés et à demi-ombragés.

Noyer commun, *Juglans regia*. . . . . de 0 75 à 1 50

Le *Noyer commun* donne d'excellents fruits dans les montagnes de la Kabylie et dans l'Aurès. Il réclame une terre profonde, qui ne soit ni compacte ni marécageuse.

Pêcher commun, *Persica vulgaris*. . . . . de 0 75 à 1 50

Les variétés plus précoces sont précédées du signe *.

VARIÉTÉS A FRUITS VELUS.

— Admirable jaune.
— Belle Bausse.
* — — de Doué.
— — de Vitry.
— Bonouvrier.
* — Chancelière.
* — Chevreuse hâtive.
* — de Malte.
* — Early Victoria.
* — Galande.
* — Madeleine de Courson.
* — Mignonne grosse.
* — — petite.
* — — hâtive.
— Pourprée tardive.
— Reine des vergers.
— Téton de Vénus.

VARIÉTÉS A FRUITS LISSES.

— Brugnon *ou* Nectarine, *Persica vulgaris lævigata.*

* — — blanc.
* — — hâtif de Zehlem.
— — Stanwick.
— — violet musqué.

En Algérie, le *Pêcher* doit être abrité contre les vents et contre les variations de la température; l'exposition de l'est est préférable à toute autre; la terre doit être bonne, profonde, calcaire, à sous-sol non argileux. Abandonné à lui-même, le *Pêcher* finit par se couvrir de chancres et d'insectes, principalement chez les variétés tardives; on remédierait en partie à ces graves inconvénients en le disposant en espalier ou en contre-espalier, méthode qui n'est pas usitée en Algérie, et en le soumettant à la taille.

Persica, *Pêcher.*

Plaqueminier du Japon, *Figue Kake, Diospyros Kaki.* de 1 à 2 »

Petit arbre à beau feuillage. Originaire de la Chine et du Japon, il peut vivre dans les régions tempérées de l'Algérie et du littoral méditerranéen. Ses fruits sont du volume d'un gros abricot; ils doivent être mangés très-mûrs.

— à feuilles velues, *Diospyros pubescens* . . . . » 75

Poirier commun, *Pyrus communis.*

Scions d'un an greffés sur Cognassier . . . . » 60
— — — *sur franc* . . . . » 75
Sujets de 2 à 3 ans . . . . de 1 à 3 »

— Ananas.
— André Desportes.
— Auguste Jurie.
— Barbancinet.
— Bergamotte d'été.
— Beurré Benoist.
— — Dalbret.
— — d'Amanlis.
— — — panaché.
— — de Nantes.
— — Diel.
— — Giffard.
— — Goubault.
— — Millet.
— Beurré Oudinot.
— Blanquet gros.
— — petit.
— Bon chrétien d'été.
— Bonne d'Ezée.
— Boutoc.
— Citron des Carmes.
— Colorée de Juillet.
— Comte Lelieur.
— Crassane (Bergamotte).
— de l'Assomption.
— Dame verte.
— des Trois-Frères.
— Doyenné de juillet.

— Doyenné de Mérode.
— Duchesse d'Angoulême.
— du voyageur.
— Epargne.
— Isabelle de Malèves.
— Jalousie de Fontenay.
— Léonie Bouvier.
— Louise bonne d'Avranches.
— Madame Favre.
— — Treyve.
— Monsallard.
— Monseigneur des Hons.
— Olivier de Serres.
— Passe-Crassane.
— Précoce de Jodoigne.
— Professeur Du Breuil.
— Ravut.
— Roux-Carcas.
— Seigneur (Espéren).
— Sénateur Vaïsse.
— Soldat Bouvier.
— Tyson.
— William (Bon chrétien).

En Algérie, le *Poirier* ne donne pas des résultats très-satisfaisants sur le littoral; les chaleurs prolongées et le peu d'abaissement de la température en hiver ne lui laissent pas un repos suffisant, et bien souvent une seconde floraison a lieu, qui épuise l'arbre. Dans les régions plus élevées, au contraire, où il neige chaque année, les résultats ne sont plus les mêmes, et les fruits deviennent délicieux.

Le *Poirier* redoute une longue sécheresse; le terrain destiné à le recevoir doit être défoncé profondément, et l'on doit l'irriguer en été, si cela devient nécessaire.

Les variétés à fruits précoces donnent de meilleurs résultats que celles à fruits tardifs; presque toutes celles indiquées ci-dessus sont dans le premier cas.

Pommier commun, *Malus communis.*

Scions d'un an sur doucin. . . . . » 60
— — *sur franc*.. . . . . » 75
Sujets de 2 à 3 ans, sur doucin et sur franc. de 1 à 5 »

VARIÉTÉS EUROPÉENNES.

— Api gros.
— — rose.
— Astrakan rouge.
— Azéroly anisé.
— Belle du Havre.
— Borowitski.
— Calville blanc.
— — rouge.
— Caroline Auguste.
— Cœur de bœuf.
— Court-pendu.
— d'Eve.
— Empereur Alexandre.
— Fenouillet gris.
— — gros.
— Fenouillet jaune.
— Gravenstein.
— Joséphine.
— Rambour d'été.
— Reine des reinettes.
— Reinette Clochard.
— — de Caux.
— — des Carmes.
— — du Canada.
— — franche.
— — grise.
— Rose de Bohême.
— Saint-Bauzan.
— Transparente blanche d'Astrakan.

VARIÉTÉS ARABES.

— Ben-Aïcha.
— Egerbi gros.
— Elbachi.
— Gehousi.

— Gerbi blanc.
— — rond.
— Gourmi.
— Musqué des Arabes.
— Rosphi ovale.
— Rosphi rond.
— Seriphi.
— Sert-el-Adra.
— Spighely.

Le *Pommier* est plus rustique que le Poirier dans les basses altitudes algériennes ; il réclame une terre substantielle, argilo-calcaire, fraiche pendant l'été. Les variétés dites *Reinettes* doivent être préférées, d'autant plus qu'elles donnent d'excellents fruits. Les Pommiers greffés sur paradis, qui restent nains, sont ceux qui réussissent le mieux dans les petits jardins ; on les conduit sous la forme de gobelets, de cordons ou de buissons.

Prunier domestique, *Prunus domestica.*
Scions d'un an. . . . . » 60
Sujets de 2 à 3 ans. . . . . . de » 75 à 2 »

— Coe's golden drop.
— — violette.
— d'Agen.
— Damas blanc.
— — de Lille.
— — de Montgeron.
— — de Tours.
— — jaune.
— — violet.
— de Lagouhat.
— de Montfort.
— Drap d'or (Espéren).
— Favorite hâtive (Rivers).
— Fellemberg, *Quetsche d'Allemagne.*
— Guthrie's abricot.
— — Tay Bank.
— jaune hâtive, *de Catalogne.*
— — tardive.
— Jefferson.
— Mirabelle grosse.
— — petite.
— — tardive.
— Monsieur hâtif.
— — jaune.
— Perdrigon blanc.
— Précoce de Berthold.
— Quetsche.
— — de Dorell.
— Reine Claude.
— — d'Avion, *Hâtive de Bavay.*
— — de Bavay.
— — de Wazon.
— — violette.
— tardive musquée.
— Washington.

Le *Prunier* végète assez bien en Algérie, à la condition que le terrain soit profond, pas trop compacte et un peu frais ; il réussit mieux dans les lieux un peu élevés que sur les terres basses du littoral. Il y a plus d'un siècle que les indigènes ont formé, avec la variété dite *Reine-Claude*, de vastes vergers dans le Hamma de Constantine; ces arbres, cultivés à haute tige, produisent des fruits admirables et exquis. Le territoire où ils prospèrent est boisé et abondamment arrosé.

Punica. *Voir* Grenadier, *page* 124.
Pyrus. *Voir* Poirier, *page* 125.

fr. c.

Vigne, *Vitis vinifera.*
Le pied, (Selon les variétés). . . . de 0 15 à 0 50

— Alicante.
— Aramon.
— Aspiran blanc.
— — noir.
— Augeby.
— — musqué.
— Balzac.
— Braquet, *Brachetto*.
— Carignan.
— Carmenet, *Carbenet*.
— Chasselas de Fontainebleau.
— Corbel.
— Fuella.
— Madeleine noire, *Morillon hâtif*.
— Malbeck.
— Morastel.
— — à gros grains.
— — Fleury.
— Muscat blanc commun, *de Frontignan*.
— — d'Alexandrie, *Panse musquée*.
— — noir commun.
— Négrier.
— Négron.
— Œillade (grosse variété).
— — noir.
— Pinot blanc.
— — noir.
— Roussane. (*Vin blanc de l'Ermitage.*)
— Sirrah (petite). (*Vin rouge de l'Ermitage.*)
— Sauvignon.
— Terret Bourret.
— — noir, *Terret rouge*.
— Verdot.

VARIÉTÉS NAPOLITAINES.

— Albamatto.
— Berzemina.
— Corva.
— Malvasia.
— Schiaoa.
— Trebbiano.
— Vernacia.
— Vernacione.

VARIÉTÉS ARABES.

— Ah! meur bou, ah! meur.
— Aïn-el-Kelb.
— Cherchali.
— Des Maures, rouge.
— — — Kadour.
— El Oued-Zitoun noir.
— Lekh' ul Haneb.
— Liada.
— plant de Dellys.
— Zizet-et-Suassa.

Zizyphus, *Voir* Jujubier, *page* 124.

ARBRES FRUITIERS A FEUILLES PERSISTANTES.

DES RÉGIONS CHAUDES ET TEMPÉRÉES.

Les végétaux à feuilles persistantes cultivés en pleine terre et livrés en motte sont généralement effeuillés avant la livraison.

---

	fr.	c.
Achras Sapota, *Sapotillier*. . . . . de 2. » à	5	
Anona Cherimolia, *Chérimolia du Pérou, Anone*.	1	25
La douzaine,	12	

Arbre de 4 à 5 mètres de hauteur; fruits volumineux, à pellicule verte, ayant la forme d'un cône de *Pin pignon*. La chair en est blanche, très-fondante, serrée, d'une saveur agréable, délicate et fine comme une crème: La culture de l'*Anona* réussit dans les régions chaudes de l'Algérie et dans les régions analogues; elle demande un terrain frais et profond.

— cinerea, *A. cendrée*. . . . . de 1 à	2	

Arbre semblable au précédent, mais ses fruits sont recouverts d'écailles mucronées. Même culture.

Averrhoa acida, *Carambolier acide*. . . . . de 1 à	5	»

Originaire de l'Amérique méridionale, non rustique sur le littoral algérien.

Avocatier. *Voir* Persea gratissima, *page* 133.
Bergamottier. *Voir* Citrus Bergamia, *page* 131.
Bibacier. *Voir* Eriobotrya japonica, *page* 132.
Bigaradier. *Voir* Citrus vulgaris, *page* 131.

Carica (Vasconcella) gracilis. . . . . de 1 à	2	
— Papaya, *Papayer*. . . . . de 1 à	2	

Arbre à bois mou, atteignant de 4 à 5 mètres de hauteur. Fruits de la grosseur d'un petit melon et d'une saveur rappelant celle du Concombre. Le *Papayer*, végétant dans les régions chaudes de l'Amérique centrale, ne pourra guère être cultivé en Algérie que dans les Oasis du Sahara, au milieu des Dattiers. Il réussit bien à Biskra.

Carambolier. *Voir* Averrhoa.

Carolinea insignis	1	50
— macrocarpa.	1	50

Arbres du Brésil et du Mexique, produisant un gros fruit ovoïde, à 5 ou 6 divisions, dont chacune contient 5 ou 6 graines de la grosseur d'une Noisette. Ces graines sont comestibles; au Brésil, on les appelle *Noz-de-Maranhoo*. A cultiver dans les parties les plus chaudes du littoral.

Caroubier. *Voir*, Ceratonia siliqua.

Castanospernum Australe. . . . . de 2 à	3	»

Cédratier. *Voir* Citrus Medica Cedra, *page* 131.
Ceratonia siliqua, *Caroubier à siliques*.

Levé à racines nues.	2	50

fr. c.

Ceratonia siliqua. *Premier choix.* — Levé en motte (*Embaillage de la motte compris*) 3 »
Choix supérieur . . . . de 4 à 6

Les sujets livrés à racines nues sont effeuillés immédiatement après le levage, et livrés tels. Cette opération a pour but de faciliter la reprise.

Le *Caroubier* est un des plus beaux arbres de l'Algérie. En outre des avantages de son ombrage épais, il produit une grande quantité de gousses à pulpe sucrée, nommées *Caroubes*, et qui sont d'une précieuse ressource pour la nourriture des bestiaux.

Chadeck. *Voir* Citrus Decumana, *page* 131.
Cherimolia, Cherimolier. *Voir* Anona, *page* 129.
Citronnier. *Voir* Citrus Medica Limonum *et* Citr. Med. Cedra.
Citrus. — *Orangers.* — *Citronniers.*

Sujets de 3 à 4 ans de greffe, sur basse-tige, de 0m 40 à 0m 60.
Livrés en motte emballé. . . . . 3 »
— *à racines nues* 2 50

Sujets de 3 à 4 ans de greffe, sur tige de 0 80 à 1 20
Livrés en motte emballée. . . . . . . 4 »
— *à racines nues*. . . . . 3 »

Sujets plus forts, hors ligne. . . . . 5 » 8 » *et au-dessus*

Les sujets livrés à racines nues sont effeuillés, afin d'en faciliter la reprise.

Plant d'Oranger franc. . . . . *Le cent*, 5
— de Bigaradier. . . . . *Le cent*, de 2 à 3 »

Citrus Aurantium. — Oranger à fruits doux.

— **Vulgare**, *Oranger franc.*
— — Bab-ali.
— — Bois sacré.
— — Brasiliense, *O. du Brésil.*
— — de Blidah.
— — Hierochunticum, *O. à fruits sanguins.*
— — lunatum, *O. Turc.*
— — Lusitanicum, *O. de Portugal,*
— — — rubrum *O. de Portugal rouge.*
— — Marabout Chérif.
— — Melitense globosum, *O. de Malte à fruits ronds.*
— — — maximum, *à gros fruits.*
— — — ovatum. *à fruits ovales.*
— — nobile, *O. Mandarin.*
— — Otaïtense, *O. d'Otaïti.*
— — Portoricense *O. de Porto-Rico.*
— — Rissœanum, *O. de Risso.*

Citrus Bigaradia. — Oranger à fruits acides ou amères.

— **Vulgaris**, *Bigaradier commun* ou *franc*.
— — maxima, *B. à gros fruits*.
— — crispifolia, *B. riche dépouille*.
— — salicifolia, *B. à feuilles de Saule*.
— — Sinensis, *B. chinois*.
— — — myrtifolia, *B. chinois à feuilles de Myrte*.

Citrus Medica. — Citronnier-Limonier, etc.

— **Bergamia**, *Bergamottier*.
— — melarosa.
— — Neapolitana, B. *de Naples*.
— **Cedra**, *Cédratier*, *Citronnier*.
— — digitata, *C. à gros fruits digités*, *C. de Blidah*.
— — Florentina, *C. de Florence*.
— — Judæana, *C. des Juifs*.
— — limoniformis, *Limon-cédrat*.
— — Neapolitana, *C. de Naples*.
— — Sinensis, *C. monstrueux de la Chine*.
— — tuberosa, *C. de Coléah*, *Poncire*.
— **Decumana**, *Pompelmousse*.
— — vulgaris, *P. ordinaire*, *Pompoléon*.
— — — Chadeck.
— **Limetta**, *Limettier* ou *Citron doux*.
— — vulgaris, *L. ordinaire*.
— — — Melitensis, *L. de Malte*.
— — — Neapolitana, *L. de Naples*.
— — — Pomum Adami, *L. Pomme d'Adam*.
— **Limonum**, *Limonier*, *Citronnier à fruits acides*.
— — vulgare, *L. ordinaire*.
— — — aspermum, *L. de Valence*, *L. sans pepins*.
— — — Brasiliense, *L. du Brésil*.
— — — cardinale.
— — — Granatense, *L. de Grenade*.
— — — Hispanicum, *L. de Valence*, *L. d'Espagne*.
— — — hystrix, *L. hérisson*.
— — — Melitense, *L. de Malte*.
— — — Neapolitanum, *L. de Naples*.
— — — Parense, *L. du Para*.
— — — Peretta, *L. Pérette de St-Domingue*.
— — — sanguineum, *L. sanguin*.
— **Lumia**, *Lumie*.
— — mirabilis, *L. Merveille d'Espagne*.
— — pyriformis, *L. Poire du Commandeur*.

fr. c.

Cookia punctata, *Wampi des Chinois* . . . . 2 »

Petit arbre de 4 à 5 mètres de hauteur, de la famille des Orangers, originaire des Moluques. Il produit des grappes de fruits de la grosseur d'un œuf de pigeon et ressemblant à de petites oranges, très-estimés des Chinois. — Parties chaudes et abritées de l'Algérie.

Eriobotrya Japonica, *Néflier du Japon*, *Bibacier* . . . . . . » 75
Sujets forts, *en motte emballée*, de 2 à 4 » »
— *en pot.* — *Le cent*, 65 »

Grand arbrisseau à feuillage ample et magnifique. Ses fleurs, réunies en bouquet au sommet des rameaux, ont une odeur très-suave, rappelant celle de l'Aubépine; les fruits, du volume d'une petite prune, sont jaunes, ronds et pleins d'un jus abondant et acide; leur maturité a lieu au printemps. Le *Bibacier du Japon* se plaît dans la région méditerranéenne.

Eugenia Guaviju . . . . de 1 » à 2 »
— Micheli (E. uniflora). . . . . » 75
Goyavier. *Voir* Psidium, *page* 133.
Gutta-percha d'Amérique, *Mimusops Balota* . . de 1 » à 2 »
Jambosa Malaccensis, *Jambosier de Malacca* . . . de 2 » à 3 »

Arbre de moyenne grandeur. Fruit de la grosseur et de la forme d'une petite poire, à chair tendre et juteuse. On le connaît aux Colonies sous le nom de *Poire de Malaque*, *Poire de cire*. — A cultiver dans les parties chaudes de l'Algérie et dans les régions analogues.

Jamelongue. *Voir* Zizygium Jambolanum, *page* 133.
Laurus Persea. *Voir* Persea gratissima, *page* 133.
Limettier, Limetta. *Voir* Citrus Limetta, *page* 131.
Limonier, Limonum. *Voir* Citrus Limonum, *page* 131.
Lumier, Lumia. *Voir* Citrus Lumia, *page* 131.
Mandarin, Mandarinier. *Voir* Citrus Aurantium nobile, *page* 130.
Mimusops Balota, *Gutta-Percha d'Amérique* . . . de 1 » à 2 »
Néflier du Japon. *Voir* Eriobotrya.
Olea Europæa, *Olivier cultivé.*
Sujets greffés en pied-tige de 1 m. 50, *racines nues.* 2 50 à 3 »

Les Oliviers sont généralement livrés effeuillés, pour en faciliter la reprise.

— à bouquet.
— à gros fruits de Constantine
— Baoun à bec.
— Berruguet.
— de Crimée.
— grosse de Séville.
— Leccie.
— Négrette de Provence.
— Pandouglie.
— Prevezi, La Spezzia.
— Ravonot, à gros fruits.
— Razzée.
— Razzera, La Spezzia.
— Saloum de Salon.
— Spagnon.

Il existe au Jardin du Hamma d'Alger une collection fort nombreuse d'Oliviers, *mais l'Etablissement n'a multiplié et ne livre au commerce que les variétés ci-dessus désignées et qui peuvent offrir de l'intérêt au point de vue cultural.*

fr. c.

En Algérie, les *Oliviers* végètent bien depuis le niveau de la mer jusqu'à environ 800 mètres d'altitude; ce n'est cependant pas dans la partie moyenne de cette station qu'ils ont le mieux réussi sous le rapport du produit. Dans le Sahel et ses environs, les Olives avortent souvent, attaquées par divers insectes; les feuilles et les rameaux de l'arbre se couvrent de *Fumagine*, qu'on appelle également *Noir* ou *Morfee*, maladie produite par les sécrétions d'un insecte, le *Kermès de l'Olivier*. Lorsque l'on peut soumettre les Oliviers a l'irrigation, ils sont plus vigoureux et résistent à cette affection; c'est ce qui a lieu à Tlemcen et dans le Hamma de Constantine, où ils donnent d'abondantes récoltes.

C'est dans les vallées de la Kabylie que la culture de l'*Olivier* obtient le plus de succès. Dans les environs de Guelma, les colons pratiquent sur une vaste échelle et avec succès la greffe de l'*Olivier sauvage*; au bout de 3 ans, les arbres sont couverts de fruits.

Il serait à désirer, dans l'intérêt des cultivateurs, que l'Olivier ne fût pas délaissé et qu'on en propageât les bonnes variétés dans les localités qui leur sont favorables.

Oranger à fruits doux. *Voir* Citrus Aurantium, *page* 130.
Oranger à fruits amers. *Voir* Citrus Bigaradia, *page* 131.
Papayer, *Voir* Carica, *page* 129.
Persea gratissima. *Laurus Persea, Avocatier*. . . de 2 50 à 4 »
— — rubra, *A. à fruits rouges* . . . . de 1 » à 4 »

Originaire de l'Amérique tropicale, répandu aux Antilles, à la Réunion, *etc.*, cet arbre atteint la hauteur de 2 à 15 mètres. Son fruit, communément appelé *Poire d'avocat*, a en effet la forme d'une très-grosse poire; la chair en est fondante et d'une saveur qui rappelle celles de la Noisette et de la Pistache réunies; il renferme un unique et volumineux noyau.

L'*Avocatier* demande une exposition chaude et bien abritée; il réussit très-bien sur le littoral, dans une terre profonde, perméable, substantielle et convenablement arrosée pendant l'été.

Pampelmouse, Pamplemousse, *Voir* Citrus Decumana, *page* 131.
Pompoléon, *Voir* Citrus Decumana, *page* 131.
Psidium Cattleyanum, *Goyavier de Cattley* . . . . de » 75 à 1 50

Cet arbrisseau, originaire de la Chine, se couvre, chaque année, d'une quantité de fruits pyriformes, de la grosseur d'un œuf de pigeon, de couleur jaune, d'un goût agréable, et dont on fait des confitures. La culture en est facile dans les jardins.

— pyriferum, *Goyavier ordinaire* . . . . de » 75 à 1 50

Le *Goyavier ordinaire* est un arbrisseau de 3 à 4 mètres de hauteur, que l'on rencontre dans toute la zone tropicale. Il produit en abondance des fruits de la grosseur d'une petite poire; leur pellicule est jaune, la chair rougeâtre et parfumée. On les mange crus avec du sucre, ou bien en compotes ou en gelées, qui sont très-bonnes.

— Sinense, *Goyavier de la Chine* . . . . de » 75 à 1 50

Les fruits de cet arbrisseau sont d'un rouge vineux, plus petits et plus aromatisés que les précédents.

Sapote, Sapotillier, *Voir* Achras Sapota, *page* 129.
Vasconcella (Carica) gracilis . . . . de 1 » à 2 »
Wampi des Chinois. *Voir* Cookia, *page* 132.
Zizygium Jambolanum, *Jamelongue*. . . . . de » 75 à 1 50

La *Jamelongue* est un arbre de la famille des Myrtacées, et qui s'élève à la hauteur de 7 à 8 mètres. L'ensemble de son feuillage touffu est admirable. Le fruit, de la grosseur d'un œuf de pigeon, est très-aromatique. La *Jamelongue* aime la chaleur.

8

PLANTES VIVACES FRUITIÈRES.

Bananier. *Voir* Musa, *page* 136.
Fraisier, *Fragaria.*

I. — Fraisiers des quatre saisons.

Des quatre saisons, à fruits rouges . . . . *Le cent.* 3 »

II. — Fraisiers écarlates

May Queen, *Reine de Mai* . . . . *Le cent.* 4 »

Fruit moyen ou gros, arrondi, quelquefois aplati, élargi; rouge clair. Chair pleine, blanc rosé, juteuse, fondante, assez sucrée et parfumée.

III. — Fraisiers hybrides obtenus d'espèces américaines dites à gros fruits, ananas ou anglaises.

Ambrosia (Nicholson). . . . . *Le cent.* 5 »

Fruit gros, rond, rouge foncé. Chair pleine, très-juteuse, sucrée, relevée d'un bon goût particulier. Plante vigoureuse, rustique, fertile et hâtive.

Amiral Dundas. . . . . *Le cent.* 5 »

Fruit très-gros, de forme variable, souvent aplati; orange vif. Chair rosée, juteuse, assez bonne. — Plante fertile, tardive.

Ananas . . . . *Le cent.* 4 »

Fruit moyen, arrondi, blanc rosé. Chair blanche, parfumée, bonne. Assez tardif.

Barne's large white, *Grosse blanche de Barne.* . . *Le cent.* 4 »

Fruit gros, arrondi ou aplati; blanc ambré. Chair blanche, fine, un peu creuse, sucrée et parfumée; bonne. Plante vigoureuse, fertile, tardive.

Belle de Paris. *Le cent.* 4 »

Fruit gros, conique, rouge vif. Chair d'un blanc rosé, ferme, bonne. Plante très-fertile, tardive.

Belle de Sceaux (Robine) . . . . *Le cent.* 4 »

Fruit gros et beau, ovale allongé ou conique; vermillon vif. Chair rose, pleine, juteuse; bonne. Plante vigoureuse, rustique, assez tardive.

Comte de Paris. . . . . *Le cent.* 4 »

Fruit gros, très-fertile, très-tardif.

Deptfordpine (Myatt). . . . . *Le cent.* 4 »

Fruit assez gros, arrondi, en cœur ou parfois un peu aplati;

fr. c.

rouge vermillon. Chair rose, sucrée, relevée. Très-hâtif, fertile et rustique.

Docteur Morère (Berger) . . . . *Le cent.* 10 »

Fruit des plus gros, conique ou un peu aplati; rouge vif vernissé. Chair rose, très-fine, fondante. non fibreuse, bien parfumée. Plante vigoureuse, rustique, de maturité moyenne.

Duc de Malakoff (Gloëde). . . . . *Le cent.* 4 »

Fruit très-gros, irrégulier; rouge foncé. Chair rouge, pleine, juteuse, sucrée, relevée d'un goût particulier. Très-vigoureux, rustique, assez fertile et assez tardif.

Elisa (Rivers). . . . . *Le cent.* 5 »

Joli fruit, rond, assez gros; vermillon orangé. Chair blanche, fine, sucrée, parfumée; très-bonne. Plante trapue, vigoureuse, fertile, rustique. Maturité de moyenne saison.

Goliath (Kitley). . . . . *Le cent.* 4 »

Fruit gros ou très-gros, en cône obtus ou aplati; rouge vermillon. Chair pleine, blanche, juteuse. Variété très-vigoureuse, formant de fortes touffes élevées; fertile, rustique et assez tardive.

Kate (Mme Clément). . . . . *Le cent.* 5 »

Fruit moyen ou assez gros, conique; rouge vif glacé. Chair rouge, pleine, juteuse, sucrée, relevée. Plante rustique et fertile, très-hâtive.

La Châlonnaise (Docteur Nicaise). . . . . *Le cent.* 5 »

Fruit gros ou très-gros, conique allongé, parfois aplati; vermillon orange vif. Chair blanche, pleine, sucrée, parfumée; excellente. Variété vigoureuse et assez rustique, fertile; maturité tardive.

La Constante (de Jonghe) . . . . *Le cent.* 5 »

Joli fruit assez gros ou gros; belle forme conique ou arrondie; rouge vif vernissé. Chair blanc carné, pleine, ferme, sucrée. parfumée, exquise. Plante naine, très-fertile, s'épuisant vite et produisant peu de filets; tardive.

La Reine (de Jonghe) . . . . *Le cent.* 5 »

Fruit assez gros, de forme allongée, aplatie; blanc rosé. Chair très-blanche, pleine, ferme, très-sucrée, très-parfumée; exquise. Variété distincte, pas très-fertile, demi-hâtive.

Lucas (de Jonghe). . . . . *Le cent.* 5 »

Fruit gros ou très-gros, ovale-conique tronqué, arrondi ou aplati; rouge cramoisi vernissé. Chair blanc-rosé, pleine, ferme, très-sucrée et parfumée; excellente. Vigoureux, assez rustique, fertile; maturité de moyenne saison.

Marguerite (Lebreton). . . . . *Le cent.* 4 »

Fruit très-gros et très-beau, allongé, conique ou lobé; vermillon vif vernissé. Chair orange vif, pleine, juteuse, assez sucrée, parfumée, peu relevée. Variété très-vigoureuse, très-fertile et très-rustique, de maturité très-hâtive et prolongée, se forçant parfaitement, mais produisant un fruit un peu mou, qui se décompose assez vite.

Napoléon III (Gloëde). . . . . *Le cent.* 5 »

Fruit gros, rond ou aplati, parfois en crête de coq; vermillon-orange. Chair très-blanche, assez ferme, fondante, sucrée, relevée. Variété très-fertile, rustique et vigoureuse, formant de fortes touffes, tardive. C'est une des belles et bonnes fraises, mais qui se gâte vite, peu après sa maturité.

Princesse royale (Pellevillain) . . . . *Le cent.* 3 »

Variété anciennement connue. Fruit gros et de belle forme allongée, de première qualité dans les années où les printemps sont beaux et chauds; d'une vente assurée sur les marchés. Plante très-vigoureuse, rustique, fertile et hâtive.

fr. c.

Sir Joseph Paxton (Bradley) . . . . *Le cent.* 5 »

Beau et gros fruit, arrondi, parfois aplati lorsqu'il est très-gros; rouge vif glacé. Chair rosée, ferme, pleine, juteuse, sucrée, parfumée. Belle et bonne variété, rustique, vigoureuse et fertile; assez hâtive et se forçant bien.

Victoria. . . . . *Le cent.* 3 »

Beau et gros fruit, rond ou plus large que long; rouge vermillon. Chair un peu creuse, sucrée, juteuse, d'un bon goût mais peu relevé. Plante très-vigoureuse, très-forte, très-rustique, assez fertile et se forçant bien ; demi-hâtive. On cultive également la *Victoria* en plein champ pour la vente des marchés.

Wonderfull (Jeyes), *Prolific* (Myatt). . . . . *Le cent.* 5 »

Fruit gros, allongé, aplati, carré du bout ; rose vif, plus pâle à l'extrémité. Chair blanche, pleine, sucrée, juteuse, parfumée; excellente. Plante très-vigoureuse, très-fertile, tardive.

Musa, *Bananier.*

— Paradisiaca, *B. à gros fruits, B. du Paradis, B. Figue d'Adam* . . . . de 0 50 à 3 »

— Sapientum, *B. à petits fruits, B. des Sages.* . . de 0 50 à 2 »

— Sinensis, M. Cavendishii, *B. de la Chine*. . . . . de 1 à 5 »

En général, les Bananiers demandent des terrains frais et ne donnent de bons résultats en Algérie que sur le littoral et lorsqu'ils sont abrités des grands vents; il leur faut une exposition chaude, un terrain bien défoncé et bien fumé.

Les fruits du *Musa Paradisiaca* n'ont de supériorité sur ceux du *Musa Sapientum* que par leur grosseur. Le *Musa Sinensis* est préférable aux deux autres, mais, en ce qui concerne la maturité des fruits, il est plus délicat.

PLANTES VIVACES POTAGÈRES.

Artichaut, *Cynara Scolymus.*

— gros indigène. . . . . *Le cent.* 5 »

— hâtif de Provence. . . . . *Le cent.* 3 »

— violet gros d'Espagne . . . . *Le cent.* 6 »

Allium fistulosum. *Voir* Ciboule.

— Schœnoprasum. *Voir* Civette.

Artemisia Dracunculus. *Voir* Estragon, *page* 137.

Asperge officinale, *Asparagus officinalis.*

— — hâtive Louis Lhérault d'Argenteuil. . . . . *Le cent.* 8 »

Batate. *Voir* Patate, *page* 137.

Chayotte, *Choco, Cocho, Chouchou, Sechium edule* . . . . . . » 25

Cucurbitacée à tiges grimpantes, ligneuses, vivaces; originaire de l'Amérique centrale et du Mexique. Dans les parties chaudes de l'Algérie, elle peut servir à garnir les tonnelles, berceaux, *etc.* Les fruits mûrissent en automne et peuvent se conserver jusqu'en mai, à la condition de rester à la chaleur; on les mange cuits, préparés à différentes sauces; ils sont très-bons dans les *couscous* arabes.

Ciboule, *Allium fistulosum.* . . . . » 05

Civette, *Ciboulette, Allium Schœnoprasum.* . . . . » 05

Cochlearia. *Voir* Raifort *page* 137.

Cynara Scolymus. *Voir* Artichaut.

	fr. c.
Estragon, *Artemisia Dracunculus*	» 15
Oseille vierge, *Rumex Acetosa*	» 05
— large de Belleville	» 05
Patate, *Batatas edulis.*	
— blanche longue. . . . . . *Boutures enracinées. Le cent.*	1 »
La livraison ne peut avoir lieu qu'en mai.	
Pimprenelle, *Poterium Sanguisorba*	» 05
Poterium, *Pimprenelle.*	
Raifort champêtre, *Cochlearia Armoracia*	» 10
Rumex Acetosa. *Voir* Oseille.	
Sechium edule, *Chayotte*	» 25
Thym commun, *Thymus vulgaris*	» 10

FRUITS EXOTIQUES.

Anones. . . . . *Le fruit*, de 0,50 à 1 »

Fruits mûrissant d'octobre à décembre, volumineux, à pellicule verte, ayant la forme d'un cône de *Pin-pignon*. La chair en est blanche, très-fondante, sucrée, d'une saveur agréable, délicate et fine comme une crème.

Avocats. . . . . *Le fruit*, de 1 » à 2 »

Fruits mûrissant en novembre; on les appelle communément *Poires d'avocat;* au Mexique et à Cuba, ils sont connus sous le nom de *Beurre végétal*. Ils ont la forme d'une très-grosse poire; la chair en est fondante, d'une saveur qui rappelle celles de la Noisette et de la Pistache réunies; ils renferment un noyau unique et volumineux.

Bananes. . . . . *Le cent*, de 5 » à 8 »

Citrons ordinaires. . . . . *Le cent*, de 1 » à 2 »

Coings de Chine. . . . . *Le fruit*, de 0 25 à » 50

Fruits énormes, oblongs, très-odorants, à chair sèche, excellents pour confitures.

— du Portugal. . . . . de 0 15 à » 25

Fruits gros, jaunes, très-odorants.

Figues de Barbarie . . . . *Le kilo*. » 30

Goyaves ordinaires (pyriformes). . . . . *Le kilo*. » 50

Fruits de la grosseur d'une petite poire, à pellicule jaune, à chair rougeâtre et parfumée. On les mange crus avec du sucre, ou bien en compotes ou en gelées, qui sont très-bonnes. Ils sont mûrs en novembre.

Nèfles du Japon. . . . . *Le kilo*. » 40

Les fruits, du volume d'une petite prune, sont jaunes, ronds et pleins d'un jus abondant et acide; leur maturité a lieu au printemps.

TUBERCULES ALIMENTAIRES.

Patate, *Batatas edulis.*

— blanche longue. . . . . *Le kilo.* » 50

En mai seulement on peut livrer des boutures enracinées . *Le cent.* 1 »

Topinambour, *Helianthus tuberosus.* . . . . *Le kilo.* » 30

Plante excellente pour la nourriture des bestiaux.

VÉGÉTAUX ÉCONOMIQUES

ET INDUSTRIELS

ESPÈCES LIGNEUSES.

(En dehors des Arbres forestiers).

fr. c.

Arbre à suif, *Stillingia sebifera*, *Croton sebiferum*.
Tige. . . . .de 0 50 à 1 25

Grand arbre de la Chine; son feuillage ressemble à celui du *Peuplier tremble* et prend une teinte rougeâtre à l'automne. Ses fruits contiennent de 3 à 5 graines recouvertes d'une substance sébacée qui compose le *Suif végétal*, dont les Chinois et les Japonais font des bougies.

Croton sebiferum, *Arbre à suif.*
Eupatoire des teinturiers, *Eupatorium tinctorium*, *E. lœve*. de 0 50 à 1 »

C'est avec ce végétal que se produit le bleu indigo au Brésil.

Fraxinus, *Frêne*.
Frêne à la manne, *Fraxinus rotundifolia*. . . . . 1 »
— à fleurs, *Fraxinus Ornus*. . . . . 1 »
Morus, *Mûrier*.
Mûrier blanc, *Morus alba*. . . . *Tige*. . . . . de 0 75 à 1 25
— Lou. . . . . » 75
— multicaule. . . . . » 75
— hybride. . . . . » 75
Rhus. *Voir* Sumac.
Stillingia sebifera. *Voir* Arbre à suif.
Sumac des corroyeurs, *Rhus Coriaria*. . . . . » 50

ESPÈCES HERBACÉES VIVACES.

Bœhmeria (Urtica), *Ortie de Chine*.
— candicans. . . . . » 10
Le cent. 8 »
— nivea, *China-grass*. . . . . » 10
Le cent. 8 »
— palmata, *Gonii* à Palembang (Sumatra). . . . . » 12
Le cent. 10 »
— tenacissima, *Ramie*. . . . . » 15
Le cent. 10 »
— utilis. . . . . » 10
Le cent. 8 »

fr. c.

Les *Bœhmeria* produisent des matières textiles de premier ordre, particulièrement le *China-grass* et la *Ramie*. La culture de ces plantes ne devrait pas être négligée en Algérie; elles réclament une terre profonde, fraiche ou pouvant être irriguée, afin d'acquerir tout le développement nécessaire pour donner des produits rémunérateurs.

Canne à sucre, *Saccharum officinarum*.
— blonde d'Otaïti. . . . . *Bouture à 2 yeux*. » 05
— rubanée de Batavia. . . . . — — » 05
— verte de l'Inde. . . . . — — » 05
— violette de St-Domingue. . . . . — — » 05

La *Canne à sucre* aime la chaleur; elle ne pourra donc être cultivée avec avantage que dans les parties chaudes de l'Algérie, et surtout dans de bonnes terres irrigables.

China-grass. *Voir* Bœhmeria nivea, *page* 139.
Gonii. *Voir* Bœhmeria palmata, *page* 139.
Houblon, *Humulus Lupulus*. . . . . » 10
Nopal à cochenilles, *Opuntia coccinellifera*.
Bouture simple. » 10
Opuntia, *Nopal*.
Ortie de Chine. *Voir* Bœhmeria, *page* 139.
Poire de terre, *Polymnia edulis*. . . . . » 75

Ses racines, qui sont tuberculeuses, produisent de l'alcool.

Ramie. *Voir* Bœhmeria tenacissima, *page* 139.
Saccharum officinarum. *Voir* Canne à sucre.

PLANTES OFFICINALES VIVACES.

Absinthe *Voir* Artemisia.
Achillea Millefolium, *Achillée, Herbe à mille feuilles*. . . . » 15
Agrimonia Eupatoria, *Aigremoine*. . . . . » 15
Anethum Fœniculum, *Fenouil*. . . . . » 15
Armoise. *Voir* Artemisia.
Aristolachia Clematitis. . . . . » 15
Artemisia Abrotanum, *Armoise Citronnelle* . . . . » 15
— absinthium, *Absinthe officinale*. . . . . » 15
— Valentina. » 15
— vulgaris, *Armoise commune*. . . . . » 15
Bardane. *Voir* Lappa.
Consoude. *Voir* Symphitum, *page* 141.
Fenouil. *Voir* Anethum.
Herbe à mille feuilles. *Voir* Achillea.
Lappa vulgaris, *Bardane commune*. . . . . » 15
Lavandula spica, *Lavande aspic*. . . . . » 15
Lepidium latifolium, *Passe-rage*. . . . . » 15
Marjolaine. *Voir* Origanum Majorana, *page* 141.
Matricaria Parthenium, *Matricaire commune*. . . . . » 15

fr. c.

Melissa officinalis. . . . . » 15
Mentha viridis. . . . . » 15
Origanum Majorana, *Marjolaine*. . . . . » 15
Oseille. *Voir* Rumex.
Passe-rage. *Voir* Lepidium, *page* 140.
Pervenche, *voir* Vinca.
Rosmarinus officinalis, *Romarin officinal*. . . . . » 15
Rue. *Voir* Ruta.
Rumex sanguineus, *Oseille sanguine*, *Sang-dragon*. . . . . . » 15
Ruta graveolens, *Rue puante*. . . . . » 15
Salvia officinalis, *Sauge officinale*. . . . . » 15
Sang-dragon. *Voir* Rumex.
Saponaria officinalis, *Saponaire* . . . . » 15
Sauge, *Voir* Salvia.
Symphytum officinale, *Consoude ordinaire*. . . . . » 15
Tanacetum vulgaire, *Tanaisie*. . . . . » 15
Tanaisie, *Tanacetum*.
Thymus vulgaris, *Thym ordinaire*. . . . . » 15
Verbena officinalis, *Verveine* . . . . » 15
Verveine, *Verbena*.
Vinca major, *Grande Pervenche*. . . . . » 15
Viola odorata, *Violette odorante*. . . . . » 15

VÉGÉTAUX A ESSENCE ODORIFÉRANTE.

Acacia Cavenia, *Acacie*, *Cacis de Buenos-Ayres*.
Jeune plant. . . *Le cent*. 3 »
— Farnesiana, — *Cacis de Farnèse*.
Jeune plant. . . *Le cent*. 3 »
Andropogon. *Voir* Vétiver.
Bigaradier, *Citrus Bigaradia*.
Jeune plant. . . *Le cent*. de 2 50 à 3 »
Cacis. *Voir* Acacia.
Citrus Bigaradia. *Voir* Bigaradier.
Jasmin à grandes fleurs, *J. d'Espagne*. . . . . 1 »
— officinal. . . . . » 75
Lippia citriodora. *Voir* Verveine odorante.
Nard. *Voir* Vétiver.
Polyanthes, *voir* Tubéreuse.
Tubéreuse à fleurs simples, *Polyanthes tuberosa*. . . . . . » 10
Le cent. 7 »
— à fleurs doubles, *Polyanthes flore pleno*. . . . . » 15
Le cent. 10 »
Verveine odorante, *Verbena triphylla*, *Lippia citriodora*. . . . » 30
Vétiver, *Andropogon muricatum*. . . . . » 30
Le cent. 20 »
— Citronelle, *Nard*, *Andropogon Schœnantus*, *A. Nardus* . . » 75

GRAINES.

Graines disponibles d'Arbres, d'Arbrisseaux, d'Arbustes, de Plantes vivaces ou annuelles, *etc.*

Un certain nombre de graines, même parmi les communes, ne figurent pas cette année sur cette liste; c'est qu'elles nous ont été retenues longtemps d'avance et qu'une bien petite quantité nous en restera au moment de la publication de ce Catalogue, seulement suffisante pour nos propres cultures.

Les graines sont expédiées par la voie la plus commode et la moins coûteuse: par la Poste, lorsque c'est possible, sinon par le Chemin de fer ou toute autre voie particulière que nous indiqueraient nos clients.

Pour toutes les graines de cette liste, à l'exception de celles dont la rareté explique le prix élevé, le Jardin du Hamma livre des

Paquets à 25 centimes.

			fr.	c.
Abroma augusta	25	*grammes.*	1	60
Abutilon Duc de Malakoff	100	*grammes.*	5	60
— hybridum	—	—	5	60
— Indicum (Sida), *Mauve textile*	10	*grammes.*	1	25
— striatum	100	*grammes.*	5	40
— Van Houttei	—	—	5	75
— venosum	—	—	5	60
Acacia (Mimosa) Adansonii, *Gommier*	10	*grammes.*	1	25
— alba	—	—	1	80
— albicans	50	*grammes.*	1	»
— anapinda	25	*grammes.*	1	»
— argyrophylla	10	*grammes.*	2	50
— armata	—	—	1	»
— arona	50	*grammes.*	1	50
— Capensis	—	—	1	50
— Cavenia, *Ac. odorant de Buenos-Ayres.*	—	—	1	25

		fr.	c.
Acacia celastrifolia	10 *grammes.*	2	»
— cultriformis	25 *grammes.*	1	50
— cuneata	10 *grammes.*	1	80
— cyanophylla, *Ac. à feuilles bleuâtres.*	— —	1	60
— dodoneifolia	25 *grammes.*	1	»
— eburnea, *Ac. à épines d'ivoire*	100 *grammes.*	1	50
— farinosa	— —	2	»
— Farnesiana, *Cacis*	50 *grammes.*	1	»
— floribunda	10 *grammes.*	1	»
— genistæfolia, *Ac. à feuilles de Genêt.*	25 *grammes.*	2	»
— grandis	10 *grammes.*	1	25
— horrida, *Ac. hérissé*	50 *grammes.*	1	50
— ixiophylla	25 *grammes.*	»	75
— Julibrissin	100 *grammes.*	»	70
— Juliflora (Prosopis)	10 *grammes.*	1	50
— Latrobei	— —	2	»
— leiophylla	— —	1	60
— leucophylla, *Ac. à tête blanche*	50 *grammes.*	1	50
— linifolia	10 *grammes.*	2	»
— longifolia	25 *grammes.*	1	»
— longissima	— —	1	»
— lophanta	100 *grammes.*	»	75
— — distachya	— —	1	»
— — Neumannii	— —	1	»
— melanoxylon	10 *grammes.*	1	»
— Nandubay	— —	3	»
— obliqua (falcata)	25 *grammes.*	2	»
— peregrina	10 *grammes.*	2	50
— Portoricensis (Calliandra) *Ac. de Porto-Rico*	— —	2	50
— pycnantha	— —	1	60
— retinoïdes	25 *grammes.*	1	»
— — longifolia	10 *grammes.*	1	20
— ruscifolia, *Ac. à feuilles de Fragon*	— —	1	50
— saligna	50 *grammes.*	1	40
— setosa	10 *grammes.*	2	»
— sophoræ	100 *grammes.*	2	»
— trinervata	— —	2	»
— Urugayensis	10 *grammes.*	1	80
— verticillata	— —	2	»
Acanthus mollis	50 *grammes.*	1	»
Acmena floribunda (Metrosideros)	5 *grammes.*	1	»
Adenoropium multifidum (Jatropha)	Les 10 graines.	»	50
Agave Americana	100 *grammes.*	4	»
— angustifolia	50 *grammes.*	4	50
— Mexicana	— —	4	50
Ailantus glandulosa, *Vernis du Japon*	*Le kilo.*	2	50
Aliboufier, *Styrax officinalis*	100 *grammes.*	»	60
	Le kilo.	4	»
Alnus glutinosa, *Aulne commun*	*Le kilo.*	2	50
Aloe acinacifolia (Gasteria)	5 *grammes.*	3	50

		fr.	c.
Aloe angulata (Gasteria)	5 *grammes.*	3	50
— brachyphylla —	— —	3	50
— ciliaris	— —	3	50
— carinata (Gasteria)	— —	3	50
— excavata —	— —	3	50
— glabra —	— —	3	50
— grandidentata	— —	3	50
— intermedia (Gasteria)	— —	3	50
— lingua —	— —	3	50
— linguæformis —	— —	3	50
— maculata —	— —	3	50
— nitida —	— —	3	50
— umbellata	— —	3	50
Althœa rosea, *Rose trémière*	100 *grammes.*	1	25
Amarantoïde, *Gomphrena*	25 *grammes.*	»	80
Amarantus bicolor	— —	1	»
— caudatus	100 *grammes.*	1	»
— melancholicus	— —	1	50
— tricolor	— —	1	50
Amirola nitida	— —	1	50
Amorpha Carolinea	— —	»	60
— elata	— —	»	60
— fruticosa	— —	»	50
— Lewisii	— —	»	50
Anagyris fœtida	— —	»	50
Anethum Fœniculum, *Fenouil*	— —	»	50
Angélique en arbre, *Aralia spinosa*	10 *grammes.*	1	»
Anona Cherimolia, *Anone, Corossolier*	50 *grammes.*	1	80
Anthericum frutescens	25 *grammes.*	1	50
Antirrhinum majus, *Muflier*—. *(Graines variées)*	50 *grammes.*	2	»
Aralia Hugelii	10 *grammes.*	»	50
— spinosa, *Angélique en arbre*	— —	1	»
Arbre à suif, *Croton sebiferum, Stillingia sebifera.*	50 *grammes.*	1	50
Arbre au poivre, *Vitex Agnus-castus*	100 *grammes.*	1	»
Argemone grandiflora	50 *grammes.*	1	50
— Mexicana	— —	1	50
— ochroleuca	— —	1	50
Asclepias Curassavica, *A. de Curaçao*	— —	2	»
— liniifolia	10 *grammes.*	1	50
Asparagus, *Asperge.*			
Asperge officinale . . . . . *(Graines variées)*	50 *grammes.*	1	»
— d'Argenteuil	— —	1	»
Aster Sinensis, *Reine-Marguerite*	— —	4	»
Aubépine, *Crataegus oxyacantha*	*Le kilo.*	1	50
Aubergine blanche, *Plante aux œufs*	50 *grammes.*	1	»
— grosse violette, *A. ronde de Chine*	— —	»	60
Voir aussi Solanum, *page* 157.			
Aulne commun, *Alnus glutinosa*	*Le kilo.*	2	50
Averrhoa acida	50 *grammes.*	1	»
Baguenaudier, *Colutea arborescens*	100 *grammes.*	»	50

		fr.	c.
Balsamine, *Impatiens Balsamina*			
(Graines variées)	100 *grammes.*	3	»
Bardane, Lappa vulgaris	— —	»	80
	Le kilo.	7	»
Barkausia rubra	50 *grammes.*	2	»
Bauhinia aculeata	100 *grammes.*	5	»
Bella sombra, *Phytolacca dioïca*	— —	2	50
Belle de jour, *Convolvulus tricolor*	— —	1	»
Belle d'onze heures, *Ornithogalum umbellatum*	10 *grammes.*	»	80
Betonica (*Bétoine*) Orientalis	25 —	»	80
Betula alba, *Bouleau*	*Le kilo.*	1	25
Bibacier, *Eriobotrya Japonica, Néflier du Japon. Livrable en mai seulement.*	*Le kilo.*	5	»
Bignonia Twediana	10 *grammes.*	1	»
Billardiera cymosa	— —	1	25
Biota intermedia	— —	»	60
Blaberopus neriifolius	— —	2	»
Bœhmeria (Urtica) biloba, *Splitgerbera Japonica, Ortie à deux lobes*	1 *gramme.*	1	25
— Caracasana, *Ortie de Caracas*	5 *grammes.*	3	»
— candicans, *Ortie des Moluques*	25 *grammes.*	2	50
— nivea, *Ortie blanche, China-grass*	10 *grammes.*	1	»
— platyphylla	— —	1	75
— tenacissima, *Ramie*	5 *grammes.*	3	»
Bois de fer, *Bumelia tenax*	50 *grammes.*	1	50
Borago officinalis, *Bourrache*	— —	»	50
Bouleau commun, *Betula alba*	*Le kilo.*	1	25
Bourrache, Borago officinalis	50 *grammes.*	1	50
Brassica. *Voir* Chou-fleur, *page* 147.			
Broussenetia papyrifera, *Mûrier à papier*	100 *grammes.*	1	»
	Le kilo.	8	»
Brunfelsia Americana	10 *grammes.*	2	»
Buddleia glaberrima	— —	1	50
— spicata	— —	1	50
Buisson ardent, *Cratægus pyracantha*	100 *grammes.*	»	80
Bumelia ambigua (B. lycioïdes)	50 *grammes.*	1	»
— tenax, *Bois de fer*	— —	1	»
Buplevrum fruticosum	100 *grammes.*	1	»
	Le kilo.	7	»
Cacis, *Acacia Farnesiana*	50 *grammes.*	1	»
Cæsalpina Sappan	— —	1	25
Calendula officinalis, *Souci*	100 *grammes.*	1	»
Callicarpa Americana	25 *grammes.*	1	50
— arborea	— —	1	50
— cana	— —	1	50
— longifolia	— —	1	50
— macrophylla	— —	1	50
— purpurea	— —	1	50
— Rewesii	— —	1	50
— tomentosa	— —	1	50

			fr.	c.
Callistemon coriaceum (Metrosideros)	1	*gramme.*	»	75
— lanceolatum, *Metr. lophantha*	—	—	»	75
— lineare	—	—	»	75
— macrophyllum	—	—	»	75
— rugulosum	—	—	»	75
— speciosum (crassifolium)	—	—	»	75
Callitris quadrivalvis, *Thuia articulata*, *Thuia d'Afrique*	100	*grammes.*	2	25
Campanula Medium, *C. violette marine*	—	—	2	»
Camphora (*Camphrier*) officinalis, *Laurus Camphora*	—	—	4	60
		Le kilo.	40	»
Cardiospermum Halicacabum, *Corinde*	100	*grammes.*	2	»
Caroubier, *Ceratonia siliqua*	—	—	»	60
		Le kilo.	3	25
Cassia (*Casse*) corymbosa	50	*grammes.*	1	25
— eremophylla	25	*grammes.*	1	50
— falcata	50	*grammes.*	1	25
— geminiflora	25	*grammes.*	1	30
— lævigata (grandiflora)	50	*grammes.*	1	25
— Nepalensis	—	—	2	»
— occidentalis	100	*grammes.*	1	80
— schinifolia (Barclayana)	50	*grammes.*	1	25
— tomentosa	25	*grammes.*	1	40
Casuarina (*Filao*) Cuninghamiana	10	*grammes.*	2	»
— equisetifolia	5	*grammes.*	1	25
— glauca	10	*grammes.*	2	»
— lateriflora	5	*grammes.*	1	25
— leptoclada	1	*gramme.*	1	50
— quadrivalvis	5	*grammes.*	1	25
Catalpa bignonioïdes		*Le kilo.*	2	50
Cedratier, *Citrus Medica*	100	*grammes.*	1	60
Cèdre de Virginie, *Juniperus Virginiana*	25	*grammes.*	2	»
Cedrus Atlantica, *Cèdre de l'Atlas*	100	*grammes.*	1	70
		Le kilo.	15	»
— Libani, *Cèdre du Liban*	100	*grammes.*	2	80
		Le kilo.	25	»
Celastrus edulis	10	*grammes.*	1	75
Celtis australis, *Micocoulier*	100	*grammes.*	»	40
		Le kilo.	2	60
— cordata	100	*grammes.*	»	50
		Le kilo.	3	25
Centranthus ruber, *Valériane*	10	*grammes.*	1	»
Cephalotaxus Fortunei	Les 100	graines.	3	50
Ceratonia siliqua, *Caroubier*	100	*grammes.*	»	60
		Le kilo.	3	20
Cestrum diurnum	10	*grammes.*	1	80
— fœtidissimum	—	—	1	50
— nocturnum	—	—	1	50
— Parqui	—	—	1	50
— vespertinum	—	—	1	50

		fr.	c.
Cestrum viridiflorum	10 *grammes.*	1	55
— Warscewiczii	— —	1	70
Chænestes longipes	— —	1	50
Chamærops humilis, *Palmier nain*	*Le kilo.*	3	»
Cheiranthus Cheiri, *Giroflée des murs*	100 *grammes.*	1	»
Chérimolier, *Anona Cherimolia*	50 *grammes.*	1	80
Cheveux de Vénus, *Nigella Damascena*	100 *grammes.*	1	30
China-grass, *Bœhmeria nivea, Ortie blanche*	10 *grammes.*	1	»
Chou-fleur (*Brassica*) d'Alger	*Le kilo.*	70	»
— demi-dur de Paris	—	50	»
— Lenormand à pied court	—	60	»
Cineraria maritima (Senecio), *Cinéaire maritime*	100 *grammes.*	4	»
Citharexylon lucidum	25 *grammes.*	2	»
— pentandrum	— —	1	80
— subserratum	— —	2	»
Citrus Aurantium, *Oranger*	— —	1	25
— Decumana, *Pompelmousse*	— —	1	60
— Limetta, *Lumie*	— —	1	60
— Limonum, *Limon*	— —	1	60
— Medica, *Cédratier*	— —	1	60
— nobilis, *Mandarinier*	— —	1	60
Clerodendron angustifolium	— —	1	20
— splendens	— —	2	»
— ternifolium	— —	1	50
Clitoria ternatea	100 *grammes.*	2	50
— — à fleurs blanches	— —	2	50
— — à fleurs bleu foncé	— —	2	50
— — à fleurs bleu tendre	— —	2	50
— — *En mélange*	— —	2	30
Cobæa scandens	25 *grammes.*	2	50
Colchicum autumnale, *Colchique*	10 *grammes.*	»	75
Coleus Verschaffeltii (*Graines variées*). 1er *choix.*	1 *gramme.*	1	50
	5 *grammes.*	4	»
— — — 2e *choix.*	1 *gramme.*	1	»
	5 *grammes.*	3	»
Colletia Bictoniensis	25 *grammes.*	1	40
— cruciata	— —	1	50
— spinosa	— —	1	40
Colutea arborescens, *Baguenaudier*	100 *grammes.*	»	50
Convolvulus althæoïdes, *Liseron de Provence*	10 *grammes.*	»	75
— tricolor, *Belle de jour*	100 *grammes.*	1	50
Cookia punctata	50 *grammes.*	2	25
Corchorus olitorius, *Corète*	100 *grammes.*	2	50
Cordia domestica	50 *grammes.*	3	»
— paludosa	— —	3	50
— scabra	— —	2	25
Cordyline (Dracæna) congesta	10 *grammes.*	5	»
— — ensifolia	— —	5	»
Coreopsis Drummondii	100 *grammes.*	1	50
— tinctoria	— —	»	80

		fr.	c.
Corète, *Corchorus olitorius*	100 *grammes.*	2	50
Corinde, *Cardiospermum Halicacabum*	— —	2	»
Coronilla Emerus	— —	1	»
— glauca	— —	1	25
— juncea	25 *grammes.*	1	25
Corossolier, *Anona Cherimolia*	50 *grammes.*	1	80
Correa alba	10 *grammes.*	3	50
— ferruginea	— —	4	»
Cotonnier, *Gossypium herbaceum*, (*page* 150)	500 *grammes.*	4	50
Coulteria tinctoria	100 *grammes.*	1	»
Courge torchon, *Luffa cylindrica*	— —	1	50
Craniolaria fragrans (Martynia)	— —	2	»
Cratægus oxyacantha, *Aubépine, Epine blanche.*	*Le kilo.*	1	50
— pyracantha, *Buisson ardent*	100 *grammes.*	»	80
Croix de Jérusalem, *Lychnis Chalcedonica*	— —	1	40
Croton sebiferum (Stillingia), *Arbre à suif*	50 *grammes.*	1	50
Cryptostegia grandiflora	5 *grammes.*	1	»
Cucumis pimidaris	50 *grammes.*	2	»
Cuphea silenoïdes	— —	3	50
Cupressus (*Cyprès*), elegans	25 *grammes.*	2	»
— funebris	50 *grammes.*	1	50
— horizontalis	*Le kilo.*	2	50
— pyramidalis	—	2	50
Cyprès, *Cupressus.*			
Cytisus Laburnum, *Faux-ébénier*	*Le kilo.*	2	50
Dattier, Phœnix dactylifera	—	12	»
Datura (*Stramoine*), arborea	25 *grammes.*	2	50
— ceratocaula	50 *grammes.*	2	»
— fastuosa Huberriana	— —	2	»
— — humilis	— —	1	80
— meteloïdes	100 *grammes.*	2	»
Dianthus barbatus, *Œillet de poète*	50 *grammes.*	»	80
— Sinensis, *Œillet de la Chine*	25 *grammes.*	»	60
— — flore pleno, *Œ. de la Chine à fleurs doubles*	50 *grammes.*	1	80
Diospyros Kaki, *Plaqueminier, Figue Kake*	— —	»	75
— pubescens	— —	»	50
Dodonæa Burmanniana	10 *grammes.*	2	»
— conferta	— —	1	»
— Thunbergiana	— —	1	»
Dolique (*Dolichos*) Asperge	100 *grammes.*	»	50
— Mongette	— —	»	50
Dracæna Draco, *Dragonnier*	— —	3	50
Voir aussi Cordyline, *page* 147.			
Duranta brachypoda	— —	1	80
— Ellisia	— —	1	80
— inermis	— —	1	80
— integrifolia	— —	1	80
— macrophylla	— —	1	80
— pedunculata	— —	1	80
— Plumieri	— —	1	80

		fr.	c.
Duranta stenostachys	100 *grammes.*	1	80
— variegata	— —	1	80
Duvaua angustifolia	10 *grammes.*	»	50
— dependens	— —	»	50
— spinescens	— —	»	50
Echium plantagineum	100 *grammes.*	1	50
— strictum	— —	3	50
Ehretia Beurreria	10 *grammes.*	1	»
— serrata	25 *grammes.*	1	40
— tinifolia	10 *grammes.*	1	»
Elæodendron australe, *Olivetier*	Les 100 graines.	3	»
Enothère. *Voir* Œnothera *page* 154.			
Entelea arborescens	10 *grammes.*	1	25
— palmata	25 *grammes.*	1	50
Epine blanche, *Cratægus oxyucantha*	*Le kilo.*	1	50
Eriobotrya Japonica, *Néflier du Japon, Bibacier.* *Livrable en avril et mai seulement*	—	5	»
Erysimum Arkansanum	100 *grammes.*	2	50
— Petrowskianum	— —	2	50
Erythrina crista-galli, *Erythrine crête de coq*	Les 100 graines.	3	»
— herbacea	— —	3	»
— laurifolia	— —	3	»
Etoile de Bethléem, *Ornithogalum Arabicum.*	10 *grammes.*	1	»
Eucalyptus globulus	1 *gramme.*	»	50
	10 *grammes.*	4	50
— Resdonii	1 *gramme.*	»	75
	10 *grammes.*	4	25
— resinifera	1 *gramme.*	»	75
	10 *grammes.*	4	50
— robusta	1 *gramme.*	»	60
et autres espèces.	10 *grammes.*	4	25
Eugenia axillaris	Les 100 graines.	»	50
— Guaviju	— —	»	75
— uniflora (Micheli)	— —	»	50
Eupatorium (*Eupatoire*) adenophorum	1 *gramme.*	»	80
Euphorbia buplevrifolia	10 *grammes.*	1	80
— (Poinsettia) cyatophora	5 *grammes.*	»	50
Euphoria Longan	100 *grammes.*	2	55
Evonymus Japonicus, *Fusain du Japon*	50 *grammes.*	»	75
Fabricia lævigata	1 *gramme.*	2	»
Fadyena laurifolia	10 *grammes.*	1	25
— macrophylla	— —	1	25
Fagelia bituminosa	100 *grammes.*	5	»
Faux-Acacia, *Robinia pseudo-Acacia, Robinier*	*Le kilo.*	2	50
Faux-Ebénier, *Cytisus Laburnum*	100 *grammes.*	»	30
	Le kilo.	2	50
Faux-Poivrier, *Schinus molle*	100 *grammes.*	2	50
Fenouil, *Anethum Fœniculum*	— —	»	50
Fenu grec, *Trigonella Fœnum græcum*	*Le kilo.*	6	»
Févier, *Gleditschia triacanthos*	— —	»	40

			fr.	c.
Ficoïde glaciale, *Mesembrianthemum cristallinum*	50	*grammes.*	1	50
Figue Kake, *Diospyros Kaki, Plaqueminier*	—	—	»	75
Filao. *Voir* Casuarina, *page* 146.				
Fillaria. *Voir* Phillyrea, *page* 155.				
Fleur de la Passion, *Passiflora cœrulea*	10	*grammes.*	1	25
Fraxinus (*Frêne*) excelsior		*Le kilo.*	1	»
Frenela mutabilis	25	*grammes.*	3	50
— variabilis	—	—	3	50
Fritillaria (*Fritillaire*) Persica	—	—	2	50
Fusain du Japon, *Evonymus Japonicus*	50	*grammes.*	»	75
Gaillardia Drummondii	—	—	2	40
— picta	—	—	1	80
Galega officinalis	100	*grammes.*	2	20
Garruga pinnata	25	*grammes.*	1	»
Garrya Mac-Faydiana	Les 100	graines.	3	»
Gasteria. *Voir* Aloe, *page* 143.				
Gattilier. *Voir* Vitex, *page* 158.				
Gaude, *Reseda luteola*		*Le kilo.*	3	»
Gaura Lindheimeri	50	*grammes.*	1	60
Gazon d'Olympe, *Statice maritima*	10	*grammes.*	1	20
Genêt d'Espagne, *Spartium junceum*	100	*grammes.*	»	50
Voir aussi Genista.				
Genista (*Genêt*) Canariensis	50	*grammes.*	1	»
— floribunda	—	—	»	80
— linifolia	—	—	1	»
— monosperma (Retama)	—	—	1	»
Geranium (Pelargonium) zonale *et* inquinans. *En mélange*	25	*grammes.*	1	50
Gesse de Tanger, *Lathyrus Tingitanus*	100	*grammes.*	1	»
Gilia capitata	50	*grammes.*	1	»
— tricolore	—	—	1	40
Giroflée des murs, *Cheiranthus Cheiri*	100	*grammes.*	1	»
Gleditschia triacanthos, *Févier*	—	—	»	40
Gombo, *Hibiscus esculentus, Ketmie potagère*	50	*grammes.*	»	75
Gommier, *Acacia Adansonii*	10	*grammes.*	1	25
Gomphrena alba, *Amarantoïde blanche*	25	*grammes.*	»	80
Goodia medicaginea	10	*grammes.*	2	25
Gossypium herbaceum, *Cotonnier*	—	—	4	50
— — Arbre du Brésil	—	—	4	50
— — Bunch's cotton	—	—	4	50
— — Castellamare blanc	—	—	4	50
— — Courte-soie grise	—	—	4	50
— — Dean (New-York)	—	—	4	50
— — Dean (Texas)	—	—	4	50
— — de Canton	—	—	4	50
— — de l'Exposition	—	—	4	50
— — de l'Inde	—	—	4	50
— — de Monteray	—	—	4	50
— — Fezzan	—	—	4	50
— — Jumell	—	—	4	50
— — L'Ioids prolific	—	—	4	50

		fr.	c.
Gossypium herbaceum Longue soie (Island).. .	10 *grammes.*	4	50
— — Louisiane blanc..	— —	4	50
— — — long	— —	4	50
— — Mexicain pur..	— —	4	50
— — — du Petit golfe.	— —	4	50
— — Nankin	— —	4	50
— — Vivace de la Guadeloupe.	— —	4	50
Gourde, *Lagenaria vulgaris.— (Graines variées)* .	50 *grammes.*	1	20
Goyavier. Voir Psidium, *page* 156.			
Grenadier. Voir Punica, *page* 156.			
Grevillea robusta.	100 *grammes.*	5	»
Grewia Asiatica.	25 *grammes.*	1	60
— Occidentalis..	— —	1	40
— Orientalis	— —	1	40
Habrothamnus elegans.	10 *grammes.*	1	50
— Hugelii	— —	1	50
— scaber..	— —	1	50
Hakea cucullata.	5 *grammes.*	3	»
— saligna..	— —	2	50
Halleria lucida..	10 *grammes.*	1	20
Hardenbergia monophylla, *Kennedya bimaculata*	— —	1	»
Haricot de Lima..	*Le kilo*	1	»
— de Siéva..	— —	1	»
— du Cap, marbré..	— —	1	»
Hedera (*Lierre*) Algeriensis.	— —	5	»
Livrable en mars et avril seulement.			
Herbe aux turquoises, *Ophiopogon Japonicum*	100 *grammes*	»	80
Heteropteris chrysophylla..	— —	2	60
Hexacentris coccinea..	10 *grammes.*	1	80
Hibiscus (*Ketmie*) cannabinus.	— —	1	»
— esculentus, *K. potagère; Gombo*.	50 *grammes.*	»	75
— immutabilis	— —	1	80
— Lampas.	10 *grammes.*	1	30
— liliiflorus.	— —	1	80
— Manihot..	50 *grammes.*	2	25
— mutabilis	— —	2	50
— Syriacus — (*Graines variées*).	100 *grammes.*	1	50
— umbellatus	25 *grammes.*	1	25
Houx à feuilles de Laurier, *Ilex Cassine*. . Les	100 graines.	1	50
Hovenia dulcis.	10 *grammes.*	1	25
Hunnemannia fumariæfolia	100 *grammes.*	2	60
Hyoscyamus niger, *Jusquiame noire*.	*Le kilo.*	6	50
Hypericum Canariense (Webbia).	10 *grammes.*	1	25
— hircinum, *Millepertuis à odeur de bouc*. .	25 *grammes.*	1	25
Iberis (*Thlaspi*) umbellata	50 *grammes.*	1	»
Ilex Cassine, *Houx à feuilles de Laurier*. . Les	100 graines.	1	50
Impatiens Balsamina, *Balsamine* — (*Graines variées*).	100 *grammes.*	3	»
Indigofera (*Indigotier*) Dosua.	25 *grammes.*	1	»
Ipomæa bona nox.	50 *grammes.*	1	»
— coccinea, *Quamoclit coccinea*	— —	1	»

			fr.	c.
Ipomæa Hardingii	Les 10	graines.	1	25
— Mexicana grandiflora alba	25	*grammes.*	1	»
— Quamoclit, *Quamoclit vulgaris*	100	*grammes.*	3	50
— reniformis	100	—	4	»
— (*Variété innommée*)	—	—	4	50
Ipomopsis elegans	50	*grammes.*	2	50
Iris spuria (Reichenbachiana)	25	*grammes.*	1	»
— tuberosa	—	—	»	75
Ixia crocata	—	—	1	»
— fenestrata	—	—	1	»
— hyalina	—	—	1	»
Jambosa vulgaris	Les 10	graines.	»	50
Jamelongue, *Zizygium Jambolanum*	50	*grammes.*	1	50
Jasminum (*Jasmin*) confusum	25	*grammes.*	2	»
— fruticans	10	*grammes.*	1	»
Jatropha Curcas, *Pignon d'Inde*	Les 20	graines.	»	50
— multifida (Adenoporium)	Les 10	graines.	»	50
Jujubier. *Voir* Zizyphus, *page* 159.				
Juniperus Virginiana, *Cèdre de Virginie*	25	*grammes.*	2	»
— pendula	—	—	2	25
Jusquiame noire, *Hyoscyamus niger*		*Le kilo.*	6	50
Kennedia bimaculata, *Hardenbergia monophylla*	10	*grammes.*	1	»
— rubicunda	—	—	1	50
Ketmie potagère, *Hibiscus esculentus, Gombo*	25	*grammes.*	1	60
Kitaibelia vitifolia	100	*grammes.*	3	40
Kœlreutaria (*Savonnier*) paniculata	—	—	2	»
Lagenaria vulgaris, *Gourde.—(Graines variées).*	50	*grammes.*	1	20
Lagerstræmia Indica	10	*grammes.*	1	50
Lantana Camara — (*Graines variées*)	100	*grammes.*	1	75
— Mexicana	—	—	2	»
Lappa vulgaris, *Bardane*	100	—	»	80
		Le kilo.	7	»
Lathyrus latifolius, *Pois vivace*	100	*grammes.*	1	25
— odoratus, *Pois de senteur*	—	—	»	60
— Tingitanus, *Gesse de Tanger*	—	—	1	»
Laurier. *Voir* Laurus.				
Laurier-tin, Viburnum Tinus	—	—	»	50
		Le kilo.	2	50
Laurus Camphora, *Camphrier*	100	*grammes.*	4	50
		Le kilo.	40	»
— Indica	100	*grammes.*	2	40
		Le kilo.	20	»
— nobilis, *Laurier-sauce, L. d'Apollon*		*Le kilo.*	2	»
— sericea	50	*grammes.*	1	60
— tomentosa	—	—	1	»
Lavatera arborea, *Mauve en arbre*	—	—	»	30
Leonotis Leonurus (Phlomis)	25	*grammes.*	1	50
Leptospermum flexuosum	5	*grammes.*	2	50
Lierre d'Alger, *Hedera Algeriensis*		*Le kilo.*	5	»

Livrable en mars et avril seulement.

		f. c.
Ligustrum (*Troène*) Japonicum........	10 *grammes.*	» 40
— ovalifolium................	— —	1 »
Limon, *Citrus Limonum*............	100 *grammes.*	1 60
Linum (*Lin*) grandiflorum...........	— —	2 53
Liseron de Provence, *Convolvulus althæoïdes*..	10 *grammes.*	» 75
Lobelia Erinus...............	100 *grammes.*	3 50
Lophostemon australe (Tristania)......	1 *gramme.*	1 »
Lotus Jacobæus...............	10 *grammes.*	1 »
Luffa acutangula...............	100 *grammes.*	1 50
— cylindrica, *Courge torchon*.......	— —	1 50
— fœtida................	— —	1 50
Lumie, *Citrus Limetta*...........	— —	1 60
Luzerne en arbre, *Medicago arborea*.....	25 *grammes.*	1 »
Lychnis, Chalcedonica, *Croix de Jérusalem*..	100 *grammes.*	1 40
Maclura aurantiaca, *Mûrier à bois jaune*...	— —	4 »
	Le kilo.	35 »
Magnolia grandiflora............	100 *grammes.*	1 25
	Le kilo.	10 »

— — Bichanii.
— — floribunda.
— — Glissonensis.
— — macracantha.
— — Oxoniensis.
— grandiflora revoluta.
— — rotundifolia.
— — stricta.
— — tomentosa.
— — undulata.

Mahonia, Bealii..............	100 *grammes.*	2 50
— Nepalensis...............	— —	2 »
Malope grandiflora............	50 *grammes.*	» 75
Malva (*Mauve*) crispa...........	100 *grammes.*	» 50
— umbellata (Sphæralcea).........	— —	2 50
Mandarinier, *Citrus nobilis*.........	— —	1 60
Marjolaine, *Origanum Majorana*......	— —	» 70
Martynia formosa.............	25 *grammes.*	1 25
— fragrans (Craniolaria)..........	— —	1 25
— lutea................	100 *grammes.*	1 40
— proboscidea, *M. à trompe*.......	— —	2 20
Matricaria (*Matricaire*) Parthenium.....	— —	1 40
Matthiola annua, *Giroflée quarantaine*.		
En mélange	100 *grammes.*	12 »
Couleurs séparées	— —	15 »
Mauve, *Sida Indica, Abutilon Indicum*.....	10 *grammes.*	1 25
— en arbre. *Lavatera arborea*.......	50 *grammes.*	» 30
Medicago arborea, *Luzerne en arbre*.....	25 *grammes.*	1 »
Melaleuca armillaris............	1 *gramme.*	» 75
— decussata..............	— —	» 75
— ericæfolia..............	— —	» 75
— hypericifolia.............	— —	» 75
— imbricata..............	— —	» 75
— polygonoïdes.............	— —	» 75
— squammea,..............	— —	» 75
— styphelioïdes.............	— —	» 75

		fr.	c.
Melia arguta, *Lilas des Indes*	100 *grammes.*	»	50
— Azedarach.	— —	»	50
— sempervirens.	— —	»	50
Melissa (*Mélisse*) officinalis.	— —	1	20
Mesembrianthemum cristallinum, *Ficoïde glaciale*	50 *grammes.*	1	80
Messerschmidia fruticosa	10 —	2	»
Metrosideros coriaceum (Callistemon) . . .	1 *gramme.*	»	75
— diffusum —	— —	»	75
— floribundum (Acmena)	5 *grammes.*	1	»
— floridum	1 *gramme.*	»	75
— lophantha, *Callistemon lanceolatum* . . .	1 —	»	75
— macrophyllum.	1 —	»	75
Micocoulier. *Voir* Celtis, *page* 146.			
Millepertuis. *Voir* Hypericum, *page* 151.			
Mimosa glomerata.	10 *grammes.*	1	50
— pudica, *Sensitive* . . . . *Voir aussi* Acacia, *page* 142.	100 *grammes.*	4	50
Mirabilis Jalapa, *Belle de nuit*	— —	»	75
	Le kilo.	5	50
Mocan, *Visnea Mocanera*.	25 *grammes.*	1	25
Momordica Balsamina.	50 *grammes.*	2	»
— Charantia.	— —	2	»
Moringa pterygosperma.	— —	12	»
Morus alba, *Mûrier blanc*	*Le kilo.*	4	50
Muflier, *Antirrhinum majus.*—(*Graines variées*)	50 *grammes.*	2	»
Mûrier à bois jaune, *Maclura aurantiaca.* . .	100 —	4	»
	Le kilo.	35	»
— à papier, *Broussonnetia papyrifera.* . . .	100 *grammes.*	1	»
	Le kilo.	8	»
— blanc, *Morus alba*.	— —	4	50
Murraya exotica.	10 *grammes.*	1	25
Myoporum tuberculatum	100 *grammes.*	2	50
Néflier du Japon. *Eriobotrya Japonica*. . . .	*Le kilo.*	5	»
Nerprun. *Voir* Rhamnus, *page* 156.			
Nesæa myrtifolia	100 *grammes.*	3	»
Nierembergia gracilis.	1 *gramme.*	»	30
Nigella Damascena, *Cheveux de Vénus*.	100 *grammes.*	1	30
— Hispanica	— —	1	60
Œillet. *Voir* Dianthus, *page* 148.			
Œnothera (*Enothère*) biennis, *Onagre*.	— —	1	40
— Canadensis	— —	1	50
— odorata	— —	1	50
Olea (*Olivier*) Europæa.	— —	3	»
— undulata (laurifolia).	25 *grammes.*	1	»
Olivetier, *Elæodendron australe*.	Les 100 graines.	3	»
Olivier. *Voir* Olea.			
Onagre. *Voir* Œnothera.			
Ophiopogon Japonicum, *Herbe aux turquoises*. .	100 *grammes*,	»	80
Oranger, *Citrus Aurantium*.	— —	1	25
Origanum Majorana, *Marjolaine*.	— —	»	70

fr. c.

Orme commun, *Ulmus campestris*. . . . . . . 100 *grammes*. 1 »
Ornithogalum Arabicum, *Etoile de Bethléem* . 10 *grammes*. 1 »
— gramineum . . . . — — » 80
— umbellatum, *Belle d'onze heures* . . . . — — » 80
Orobus atropurpureus. . . . . 50 *grammes*. 1 40
Ortie. *Voir* Bœhmeria, *page* 145.
Oseille Patience, *Rumex Patientia*. . . . . . . 100 *grammes*. » 30
Paliurus aculeatus . . . . *Le kilo*. 3 50
Palma-Christi, *Ricinus communis*, *Ricin*. . . — 1 »
Palmier nain, *Chamærops humilis* . . . . . — 3 »
Pamplemousse. *Voir* Pompelmousse, *page* 156.
Papaver somniferum, *Pavot*. . . . . 500 *grammes*. 1 »
Passiflora cœrulea, *Fleur de la Passion* . . . . 10 *grammes*. 1 »
— filamentosa . . . . — — 1 50
— heterophylla . . . . 5 *grammes*. » 50
Paulownia imperialis . . . . 100 *grammes*. 1 »
Pavetta gracilis. . . . . 10 *grammes*. 2 »
— rotundifolia . . . . — — 1 »
Pavonia cuneifolia . . . . 25 *grammes*. 2 40
— hastata . . . . — — 2 40
— spinifex. . . . . — — 2 25
— Typhalæa . . . . — — 2 »
Pavot blanc, *Papaver somniferum* . . . . . . 500 *grammes*. 1 »
Pentstemon campanulatum . . . . 100 *grammes*. 4 »
Pelargonium (Geranium) zonale *et* inquinans
(*Graines en mélange*) . . . . . 25 *grammes*. 1 50
Perilla Nankinensis. . . . . 50 *grammes*. 1 75
Pervenche. *Voir* Vinca, *page* 158.
Petunia hybrida . . . . 10 *grammes*. 2 »
Pharbitis (Ipomæa) hispida, *Volubilis*. . . . 50 *grammes*. » 70
Le kilo. 10 »
Phillyrea (Fillaria) angustifolia . . . . 25 *grammes*. » 40
— latifolia . . . . — — » 40
— media. . . . . — — » 40
Phlomis Leonurus (Leonitis) . . . . — — 1 50
Phlox Drummondii . . . . (*Graines variées*). 50 *grammes*. 3 50
Phœnix dactylifera, *Dattier*. . . . . *Le kilo*. 12 »
Phyllanthus grandifolius. . . . . 50 *grammes*. 1 50
— juglandifolius. . . . . — — 1 40
Physalis pubescens . . . . 100 *grammes*. 2 »
Phytolacca dioïca, *Bella sombra* . . . . . . — — 2 50
Pignon d'Inde, *Jatropha Curcas*. . . . . . Les 20 graines. » 50
Pinus (*Pin*) Canariensis . . . . 100 *grammes*. 4 »
Le kilo. 35 »
— longifolia . . . . — 50 »
— Pinea, *Pin pignon*. . . . . 500 *grammes*. 1 50
Pittosporum Tobira. . . . . 10 *grammes*. 1 »
— undulatum . . . . — — 1 50
Plante aux œufs, *Aubergine*. . . . . 25 *grammes*. 1 »
Plaqueminier. *Voir* Diospyros, *page* 148.
Platanus (*Platane*) Occidentalis . . . . *Le kilo*. 1 50

		fr.	c.
Platanus Orientalis	Le kilo	1	50
Podocarpus elongata	Les 100 graines.	4	50
— Koraiana	— —	4	50
— longifolia	— —	4	50
Poinciana Gillesii	50 *grammes.*	1	»
Poinsettia (Euphorbia) cyatophora	5 *grammes.*	»	50
Pois de senteur, *Lathyrus odoratus*	100 *grammes.*	»	60
— vivace, *Lathyrus latifolius*	— —	1	25
Polyanthes tuberosa, *Tubéreuse*	5 *grammes.*	1	50
Polygala cordifolia (cordata)	— —	1	50
— latifolia	— —	1	»
— myrtifolia	— —	»	75
Pomaderris apetala	— —	2	»
— rugosa	— —	2	25
Pompelmousse, *Pamplemousse, Citrus Decumana*	100 *grammes.*	1	60
Portulacca (*Pourpier*) grandiflora. (*Graines variées*)	50 *grammes.*	3	50
— — à fleurs doubles	5 *grammes.*	3	25
— Thelussonii	50 *grammes.*	2	»
Potentilla Revesiana	100 *grammes.*	»	80
Prosopis, *Acacia juliflora*	10 *grammes.*	1	50
Psidium (*Goyavier*) aromaticum	50 *grammes.*	1	25
— Cattleyanum	— —	2	50
pyriferum	— —	1	50
— Sinense	— —	2	»
Punica Granatum (*Grenadier*) à fruits doux	100 *grammes.*	1	»
	Le kilo.	6	»
— — à fruits acides	100 *grammes.*	1	50
	Le kilo.	8	»
— — nanum	25 *grammes.*	10	»
Pyrethrum rigidum, *Pyrèthre du Caucase*	— —	1	40
Quamoclit (Ipomæa) coccinea	100 *grammes.*	3	50
— vulgaris	— —	3	50
Ramie, *Urtica tenacissima*	5 *grammes.*	3	»
Reine-Marguerite, *Aster Sinensis*	50 *grammes.*	4	»
Reseda luteola, *Gaude*	100 —	»	40
	Le kilo.	3	»
— odorata	100 *grammes.*	2	»
Retama monosperma (Genista)	50 *grammes.*	1	»
Rhamnus utilis	25 *grammes.*	»	80
— tinctorius, *Nerprun*	— —	»	80
Rhus Coriaria, *Sumac des corroyeurs*	— —	»	75
Rhynchospermum jasminoïdes	10 *grammes.*	2	»
Ricinus (*Ricin*) communis, *Palma-Christi*	*Le kilo.*	1	»
— sanguineus	—	2	»
— spectabilis	—	1	»
Robinia pseudo-Acacia, *Robinier, Faux-Acacia*	—	2	50
Rose tremière, *Althæa rosea*	100 *grammes.*	1	25
Rudbeckia amplexicaulis	50 *grammes.*	»	80
Rumex Patientia, *Oseille Patience*	100 *grammes.*	»	30

		fr.	c.
Rumex sanguineus, *O. sanguine, Sang-dragon.*	100 *grammes.*	»	30
Sabal Adansonii	— —	4	»
— palmetto	— —	4	»
Sapindus cinereus	200 *grammes.*	1	50
— Indicus	100 *grammes.*	1	»
— Surinamensis	— —	1	»
Savonnier, *Kœlreuteria paniculata*	— —	2	»
Schinus molle, *Faux-Poivrier*	— —	2	50
Schottia latifolia	50 *grammes.*	2	»
Senecio Cineraria, *Cinéraire maritime*	100 *grammes.*	4	»
Sésame à graines blanches, *Sesamum Sinense*	— —	1	30
Sida Indica, *Abutilon Indicum, Mauve textile*	10 *grammes.*	1	25
Sensitive, *Voir* Mimosa, *page* 154.			
Sipanea carnea	50 *grammes.*	2	»
Solanum auriculatum	10 *grammes.*	»	60
— esculentum, *Aubergine*	25 *grammes.*	»	50
— — — grosse	—	»	50
— — — longue	—	»	50
— — — ronde	—	»	50
— jasminoïdes	10 *grammes.*	1	50
— laciniatum	25 *grammes.*	»	75
— marginatum	—	1	»
— ovigerum, *Plante aux œufs*	—	»	50
— robustum	5 *grammes.*	1	»
— sisymbriifolium	10 *grammes*	1	»
— Sodomæum	— —	»	75
Sollya heterophylla	— —	1	»
Sophora littoralis	25 *grammes.*	1	»
— Japonica	100 *grammes.*	1	»
— pendula	— —	1	»
— tomentosa	— —	2	50
Souci, *Calendula officinalis*	— —	1	40
Spartium junceum, *Genêt d'Espagne*	— —	»	50
Spathodea Wallichii	10 *grammes.*	3	»
Sphæralcea (Malva) umbellata	— —	1	»
Splitgerbera Japonica, *Bœhmeria biloba, Ortie à deux lobes*	1 *gramme.*	1	25
Statice Bonduellii	10 *grammes.*	1	20
— macrophylla	— —	1	50
— maritima, *Gazon d'Olympe*	— —	1	20
— sinuata	— —	1	»
— spathulata	— —	1	»
Stenolobium molle (Tecoma)	— —	1	»
— stans (Tecoma)	— —	1	»
Sterculia platanifolia	100 *grammes.*	1	»
Stillingia sebifera, *Croton sebiferum, Arbre à suif*	50 *grammes.*	1	50
Stramoine, *Datura arborea*	25 *grammes.*	2	50
Strophanthus laurifolius	10 *grammes.*	1	
Styrax officinalis, *Aliboufier*	100 *grammes.*	»	60
	Le kilo.	4	

		fr.	c.
Sumac des corroyeurs, *Rhus Coriaria*	25 *grammes.*	»	75
Swainsonia rosea	10 *grammes.*	1	50
Symphoricarpos (*Symphorine*) Mexicana	— —	1	»
— parviflora	— —	1	»
Tanghinia veneniflua. Les	10 graines.	2	50
Tecoma stans (Stenolobium)	10 *grammes.*	1	»
— fulva (Tecomaria)	— —	1	50
— mollis (Stenolobium)	— —	1	50
— schinifolia Les	10 graines.	2	»
Tecomaria fulva (Tecoma)	10 *grammes.*	1	50
Tetranthera laurifolia	100 *grammes.*	3	»
Thevetia neriifolia	10 *grammes.*	1	»
Thlaspi, *Iberis umbellata*	50 *grammes.*	1	»
Thuia articulata, *Callitris quadrivalvis*	100 *grammes.*	2	25
— orientalis	— —	»	50
Tilia (*Tilleul*) argentea	— —	1	»
	Le kilo.	7	»
Tomate à tige raide	50 *grammes.*	1	50
Tournefortia angustifolia	10 *grammes.*	»	75
— frutescens	— —	»	75
Trigonella Fœnum græcum, *Fenu grec*	50 *grammes.*	»	60
	Le kilo.	6	»
Tristania macrophylla	1 *gramme.*	1	»
— speciosa	— —	1	»
Tubéreuse, *Polyanthes tuberosa*	5 *grammes.*	1	50
Troëne. *Voir* Ligustrum, *page* 153.			
Ulmus campestris, *Orme commun*	*Le kilo.*	1	»
Urtica. *Voir* Bœhmeria, *page* 145.			
Valériane. *Centranthus ruber*	10 *grammes.*	1	»
Verbesina gigantea	1 *gramme.*	1	»
Vernis du Japon, *Ailantus glandulosa*	*Le kilo.*	2	50
Veronica Andersonii	10 *grammes.*	1	50
Viburnum Tinus, *Laurier-Tin*	100 *grammes.*	»	50
	Le kilo.	2	50
— Wightianum	100 *grammes.*	3	»
Vinca rosea, *Pervenche de Madagascar*	— —	6	50
	Le kilo.	50	»
— alba, *P. blanche*	100 *grammes.*	6	50
	Le kilo.	50	»
— — oculata, *P. à centre rose*	10 *grammes.*	7	»
	Le kilo.	55	»
Virgilia aurea	10 *grammes.*	1	»
Visnea Mocanera, *Mocan*	25 *grammes.*	1	25
Vitex Agnus-castus, *Gattilier, Arbre au poivre*	100 *grammes.*	1	»
— arborea, *Gattilier en arbre*	— —	2	»
Webbia Canariensis (Hypericum.)	10 *grammes.*	1	25
Wigandia Caracasana	1 *gramme.*	1	»
— Vigierii	25 *grammes.*	5	»
	100 *grammes.*	15	»
Yucca aloefolia	— —	3	»
— — variegata	— —	3	50

		fr.	c.
Zinnia elegans. — (*Graines variées*)	100 *grammes.*	3	75
— — flore pleno.	— —	4	20
Zizygium Jambolanum, *Jamelongue*	50 *grammes.*	1	50
Zizyphus (*Jujubier*) Baclei.	25 *grammes.*	»	40
	Le kilo.	10	»
— sativa, *Jujubier cultivé*.	100 *grammes.*	»	50
	Le kilo.	4	»

Grâce à ses nombreuses relations dans toutes les parties du monde, le Jardin du Hamma est souvent en possession de graines rares que nous pourrions, en certains cas, mettre à la disposition de nos clients; mais, notre richesse sous ce rapport étant variable et dépendant en grande partie des découvertes, des récoltes et des envois de nos correspondants spéciaux, on conçoit que nous ne fassions pas figurer ces graines sur notre Catalogue.

ANIMAUX, INSECTES

ET LEURS PRODUITS.

		fr.	c.
Autruches. — Sujet mâle	*La pièce.*	800	»
— femelle	—	600	»
	La paire.	1000	»
Autruchons	*La pièce.*	450	»

Emballage non compris.

Le Jardin du Hamma peut aussi fournir des œufs et des plumes d'Autruches, mais seulement en certains moments de l'année et à des prix variables d'après les circonstances.

Cochenilles mères. — (*Livrables à partir du mois de juin*).
Le kilo. 15 »

Vers à soie (Graines).

1° Race jaune, *dite* milanaise. . . *Les 30 grammes.* 10 »

Elevée en Afrique depuis plusieurs années, et dont la réussite a été parfaite.

2° Race du Japon (Cocons verts) — *Les 30 grammes.* 10 »

Les vers de cette provenance sont très-robustes et faciles à élever.

OUTILS DE JARDINAGE.

	fr.	c.
Eplucheir, manche en corne de bœuf ou de buffle.	3	50
— manche en ivoire.	4	50
Greffoir, manche en corne de cerf ou de buffle, avec spatule se fermant.	3	50
— anglais, manche en corne de cerf ou de buffle	3	50
— — manche en ivoire	4	50
Sécateur Rivière, simple, avec 2 ressorts mobiles.	8	50
— — — avec 3 ressorts mobiles, 2 lances de rechange et une clef.	13	»
Serpette simple, manche en buis non garni, à ressort.	3	»
Serpette-scie, manche en buis non garni.	5	50
Scie à main commune.	2	50
— manche en buis, avec ressort	6	50

OBJETS DIVERS.

	fr.	c.
Ecailles (Ligules) de *Bambou*, grande espèce, pour écrans, éventails, *etc* . . . . *Le paquet de douze*.	1	25
Baguettes de *Bambou noir* et *autres*, pour cannes, *etc*. . . . *La pièce*, de 0 50 à	3	»
Bouquets à la main. . . . . *Depuis*	1	»

Le Jardin du Hamma se charge de la récolte de plantes sèches, à l'usage des fabricants et des marchands de fleurs et de feuillages artificiels.

Paris. — Imp. horticole de E. DONNAUD, rue Cassette, 9

www.ingramcontent.com/pod-product-compliance
Ingram Content Group UK Ltd.
Pitfield, Milton Keynes, MK11 3LW, UK
UKHW020603180726
13838UKWH00001B/396